ゼロからはじめる

ドコモ au UQ mobile 対応版

Galaxy A54 5G スマートガイド

ギャラクシー エーフィフティフォー ファイブジー

Galaxy A54 5G

技術評論社編集部 著

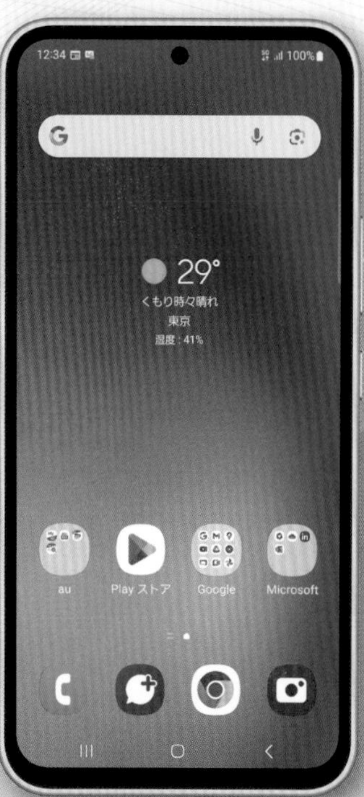

技術評論社

CONTENTS

Chapter 1 Galaxy A54 5Gのキホン

Chapter 2 電話機能を使う

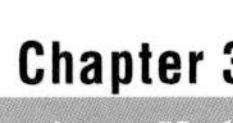

Chapter 3
メールやインターネットを利用する

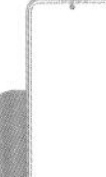

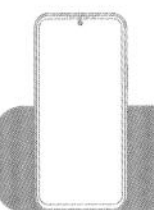

Chapter 4
Google のサービスを利用する

CONTENTS

Chapter 5
便利な機能を使ってみる

Chapter 6
独自機能を使いこなす

Chapter 7
A54 を使いやすく設定する

ご注意：ご購入・ご利用の前に必ずお読みください

●本書に記載した内容は、情報の提供のみを目的としています。したがって、本書を用いた運用は、必ずお客様自身の責任と判断によって行ってください。これらの情報の運用の結果について、技術評論社および著者、アプリの開発者はいかなる責任も負いません。

●ソフトウェアに関する記述は、特に断りのない限り、2023年6月現在での最新バージョンをもとにしています。ソフトウェアはバージョンアップされる場合があり、本書での説明とは機能内容や画面図などが異なってしまうこともあり得ます。あらかじめご了承ください。

●本書は以下の環境で動作を確認しています。ご利用時には、一部内容が異なることがあります。あらかじめご了承ください。
端末 ： Galaxy A54 5G SC-53D、Galaxy A54 5G SCG21
端末のOS ： Android 13
パソコンのOS ： Windows 11

●インターネットの情報については、URLや画面などが変更されている可能性があります。ご注意ください。

以上の注意事項をご承諾いただいたうえで、本書をご利用願います。これらの注意事項をお読みいただかずに、お問い合わせいただいても、技術評論社は対処しかねます。あらかじめ、ご承知おきください。

Chapter 1

Galaxy A54 5Gのキホン

Section 01

Galaxy A54 5Gについて

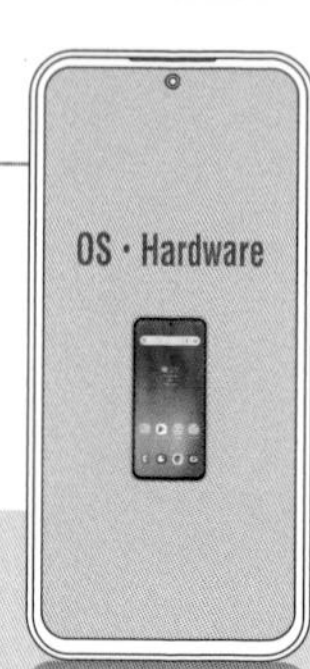

Galaxy A54 5G（以降A54）は、ドコモとau、そしてUQ mobileが販売しているスマートフォンです。高機能カメラを搭載し、手軽に美しい写真を撮影することができます。

1

各部名称を覚える

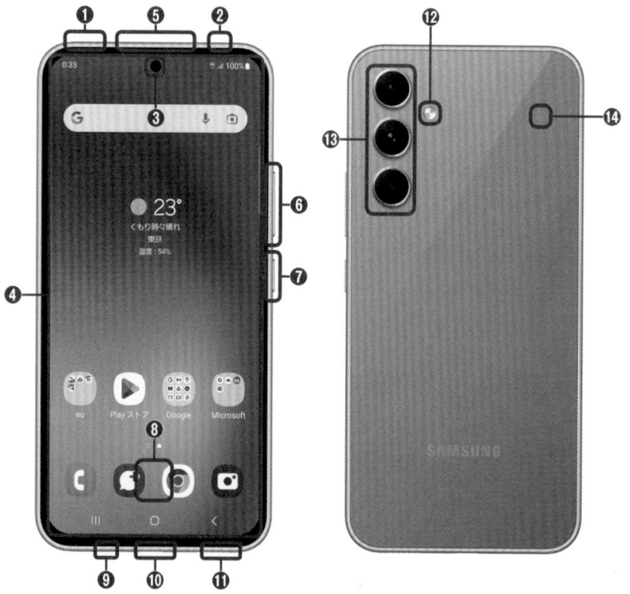

❶	SIMカード／micorSDメモリカードトレイ	❽	指紋センサー
❷	送話口／マイク（上部）	❾	送話口／マイク（下部）
❸	フロントカメラ	❿	USB Type-C接続端子（外部接続端子）
❹	ディスプレイ（タッチパネル）	⓫	スピーカー
❺	受話口／スピーカー	⓬	フラッシュ／ライト
❻	音量キー	⓭	リアカメラ
❼	サイドキー	⓮	Felicaマーク

ドコモ版とau/UQ mobile版の違い

本書の解説は、ドコモ版とau版、UQ mobile版に対応しています。操作をする上で、両者の一番大きな違いは、ホーム画面のアプリがドコモ版は「docomo LIVE UX」、au版とUQ mobile版が「One UI ホーム」を採用していることです。このためホーム画面の操作や、「アプリ一覧」画面の表示方法が異なります。本書ではau版の「One UI ホーム」を基本に解説しますが、ドコモ版とau/UQ mobile版で操作が異なる場合は、都度注釈を入れています。

●ドコモ版で「アプリ一覧」画面を表示する

1 ホーム画面で、⊞をタップします。

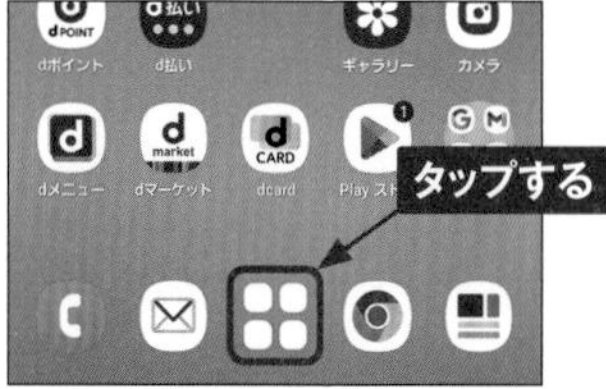

2 「アプリ一覧」画面が表示されます。アイコンをタップすると、アプリが起動します。

●au/UQ mobile版で「アプリ一覧」画面を表示する

1 ホーム画面を上方向にフリックします。

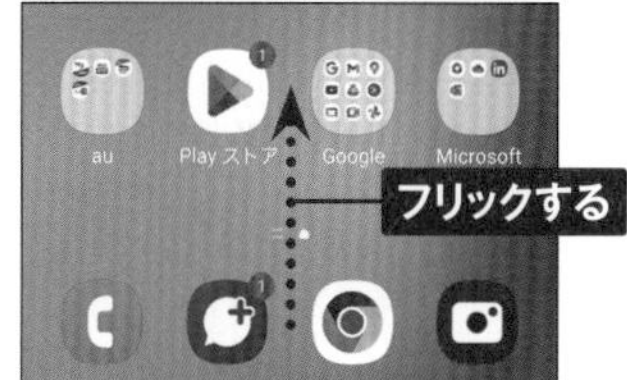

2 「アプリ一覧」画面が表示されます。アイコンをタップすると、アプリが起動します。

ドコモ版をOne UIホームにする

ドコモ版でOne UIホームを利用するには、「設定」アプリを起動し、[アプリ]→[標準アプリを選択]→[ホームアプリ]の順にタップし、[One UIホーム]をタップします。

1

Section 02

電源のオン／オフとロックの解除

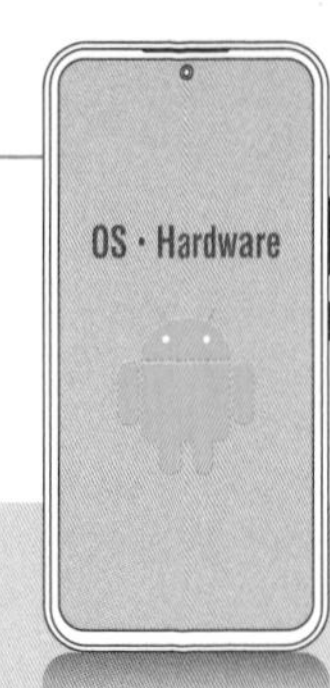

電源の状態にはオン、オフ、スリープモードの3種類があります。3つのモードはすべてサイドキーで切り替えが可能です。一定時間操作しないと、自動でスリープモードに移行します。

1

ロックを解除する

① スリープモードでサイドキーを押すか、ディスプレイをダブルタップします。

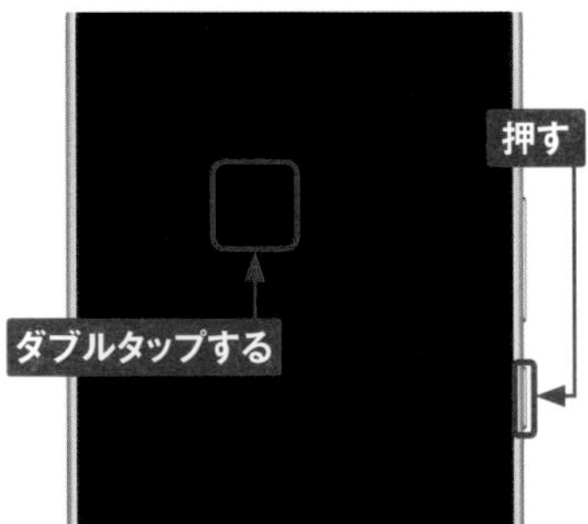

② ロック画面が表示されるので、暗証番号などを設定していない場合は、画面をスワイプします。

③ ロックが解除されます。再度サイドキーを押すとスリープモードになります。

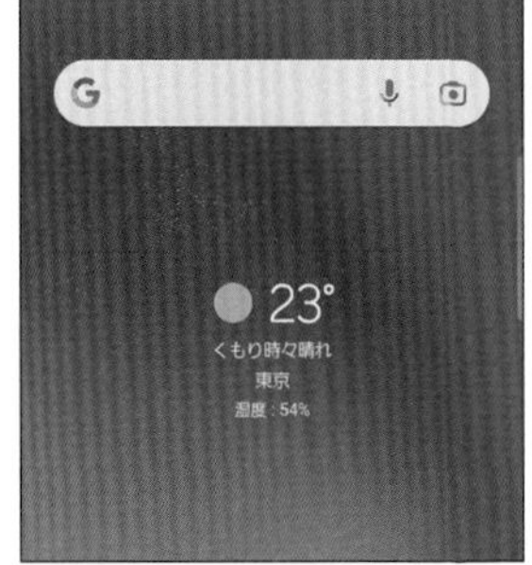

MEMO スリープモードとは

スリープモードは画面の表示が消えている状態です。バッテリーの消費をある程度抑えることはできますが、通信などは行っており、スリープモードを解除すると、すぐに操作を再開することができます。また、操作をしないと一定時間後に自動的にスリープモードに移行します。

電源を切る

① 画面が表示されている状態で、サイドキーを長押しします。

② メニューが表示されるので、[電源OFF] をタップします。

③ 次の画面で [電源OFF] をタップすると、電源がオフになります。電源をオンにするには、サイドキーを一定時間長押しします。

MEMO

ロック画面からのアプリの起動

ロック画面に表示されているアイコンをドラッグすることで、カメラや電話を直接起動することができます。

1

Section 03

A54の基本操作を覚える

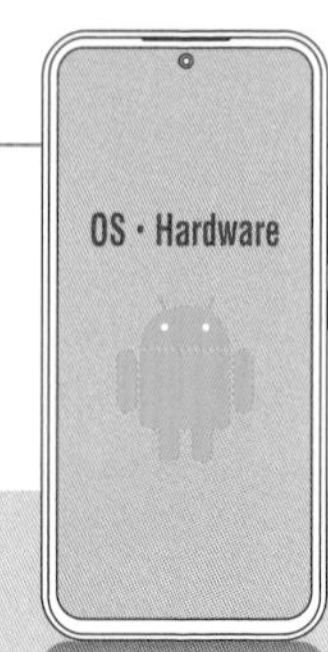

A54の操作は、タッチスクリーンと本体下部のボタンを、指でタッチやスワイプ、またはタップすることで行います。ここでは、ボタンの役割、タッチパネルの操作を紹介します。

1

ボタンの操作

MEMO スワイプジェスチャーを利用する

スワイプジェスチャーを利用することもできます。「設定」アプリを起動し、[ディスプレイ] → [ナビゲーションバー] をタップすると、ナビゲーションボタンのタイプが選択でき、[スワイプジェスチャー] を選択すると、画面のように最下部にバーのみが表示されるようになり、画面を広く使えるようになります（Sec.61参照）。

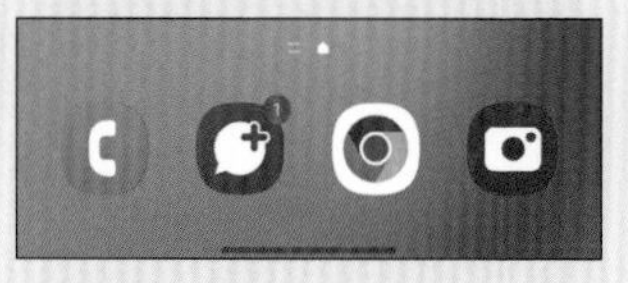

キーアイコン	
戻るボタン[<]	1つ前の画面に戻ります。
ホームボタン[○]	ホーム画面が表示されます。一番左のホーム画面以外を表示している場合は、一番左の画面に戻ります。ロングタッチでGoogleアシスタント（Sec.27参照）が起動します。
履歴ボタン[III]	最近操作したアプリのリストがサムネイル画面で表示されます（P.19参照）。

タッチパネルの操作

タップ／ダブルタップ

タッチパネルに軽く触れてすぐに指を離すことを「タップ」といいます。同じ位置を2回連続でタップすることを、「ダブルタップ」といいます。

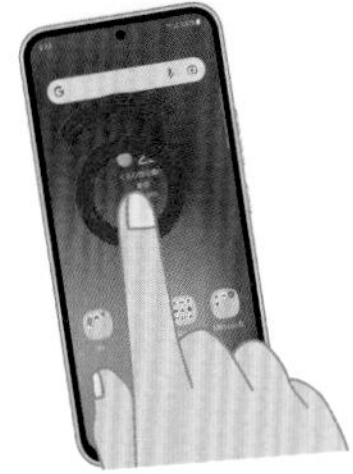

スワイプ（スライド）

画面内に表示しきれない場合など、タッチパネルに軽く触れたまま特定の方向へなぞることを「スワイプ」または「スライド」といいます。

ロングタッチ

アイコンやメニューなどに長く触れた状態を保つことを「ロングタッチ」といいます。

フリック

タッチパネル上を指ではらうように操作することを「フリック」といいます。

ピンチアウト／ピンチイン

2本の指をタッチパネルに触れたまま指を開くことを「ピンチアウト」、閉じることを「ピンチイン」といいます。

ドラッグ

アイコンやバーに触れたまま、特定の位置までなぞって指を離すことを「ドラッグ」といいます。

Section 04

ホーム画面の使い方

タッチパネルの基本的な操作方法を理解したら、ホーム画面の見方や使い方を覚えましょう。本書ではホームアプリを「One UIホーム」に設定した状態で解説を行っています。

1

ホーム画面の見かた（One UIホームの場合）

ウィジェット
アプリが取得した情報の表示や、設定の切り替えができます。タップするとアプリが起動します。

ステータスバー
状態を表示するステータスアイコンや、通知アイコンが表示されます。

クイック検索ボックス
タップすると、検索画面やフィードが表示されます。

エッジパネルハンドル
画面の中央に向かってスワイプすると、エッジパネルが表示されます（Sec.46参照）。

アプリアイコンとフォルダ
タップするとアプリが起動したり、フォルダの中身が表示されたりします。

ホーム画面の位置
現在表示中のホーム画面の位置が表示されます。

ナビゲーションバー
操作するボタンが表示されます（P.12参照）。

ドック
タップすると、アプリが起動します。なお、この場所に表示されているアイコンは、どのホーム画面にも表示されます。

ホーム画面を左右に切り替える

① ホーム画面は、左右に切り替えることができます。まずは、左方向にフリックします。

② 1つ右の画面に切り替わります。なお、アプリなどが置かれていないと、画面は変わりません。

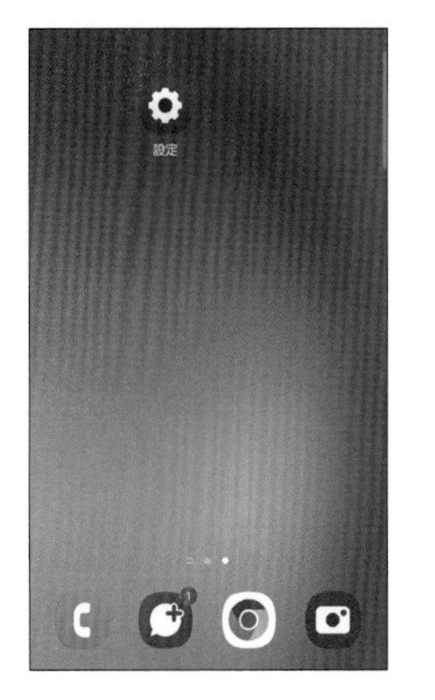

③ 右方向にフリックすると、もとの画面に戻ります。

MEMO **ホーム画面を右方向にフリック**

ホーム画面を右方向にフリックすると、ニュースや検索といったGoogleのサービスがひとまとめになった「Google」アプリを表示することができます。

1

情報を確認する

画面上部に表示されるステータスバーには、さまざまな情報がアイコンとして表示されます。ここでは、表示されるアイコンや通知の確認方法、通知の削除方法を紹介します。

ステータスバーの見かた

不在着信や新着メール、実行中のアプリの動作などを通知するアイコンです。

電波状況やバッテリー残量、現在の時刻など、主に本体の状態を表すアイコンです。

通知アイコン	
	新着+メッセージ／新着SMSあり
	不在着信あり
	スクリーンショット完了
	新着Gmailあり
	アラーム通知あり
	非表示の通知情報あり

ステータスアイコン	
	マナーモード（バイブ）設定中
	マナーモード（サイレント）設定中
	無線LAN（Wi-Fi）使用可能
5G	データ通信状態
	電池レベル状態
	機内モード設定中

通知パネルを利用する

① 通知を確認したいときは、ステータスバーを下方向にスライドします。

② 通知パネルに通知が表示されます。なお、通知はロック画面の時計の下部に表示されるアイコンをタップしても確認できます。通知をタップすると、対応アプリが起動します。通知パネルを閉じるときは、＜をタップします。

通知パネルの見かた

❶	タップすると、「設定」アプリが起動します。
❷	クイック設定ボタン。タップして各機能のオン／オフを切り替えます。画面を下にフリックすると、ほかのクイック設定ボタンが表示されます。
❸	通知や本体の状態が表示されます。左右にスワイプすると、通知を消去できます。
❹	タップすると、通知をブロックするアプリを選択することができます。
❺	通知を消去します。決められた設定を行わないと消去できないものもあります。

Section 06

アプリを利用する

アプリを起動するには、ホーム画面、または「アプリ一覧」画面のアイコンをタップします。ここでは、アプリの終了方法や切り替えかたもあわせて覚えましょう。

1

アプリを起動する

① ホーム画面を表示し、One UIホームでは上方向にフリック、docomo LIVE UXでは⊞をタップします。

② 「アプリ一覧」画面が表示されたら、One UIホームでは画面を左右にフリック、docomo LIVE UXでは上下にスワイプし任意のアプリを探してタップします。ここでは、［Playストア］をタップします。

③ 「Playストア」アプリが起動します。アプリの起動中に＜をタップすると、1つ前の画面（ここでは「アプリ一覧」画面）に戻ります。

MEMO アプリの起動方法

本体にインストールされているアプリは、ホーム画面や「アプリ一覧」画面に表示されます。アプリを起動するときは、ホーム画面のアプリのショートカットや「アプリ一覧」画面のアプリアイコンをタップします。

アプリを切り替える

① アプリの起動中やホーム画面で■をタップします。

② 最近使用したアプリがサムネイル表示されるので、利用したいアプリを、左右にフリックして表示し、タップします。

③ タップしたアプリが起動します。

アプリの終了

手順②の画面で、終了したいアプリを上方向にフリックすると、アプリが終了します。また、下部の［全て閉じる］をタップすると、起動中のアプリがすべて終了します。なお、あまり使っていないアプリは自動的に終了されるので、基本的にはアプリは手動で終了する必要はありません。

Section 07

文字を入力する

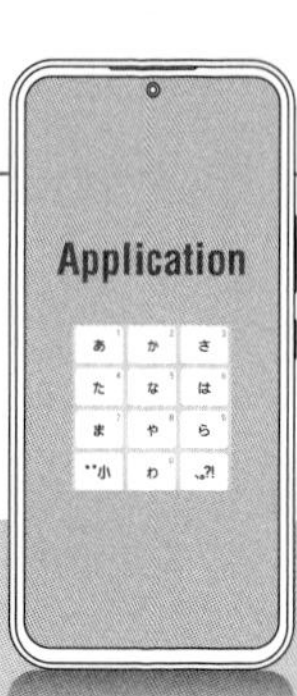

A54では、ソフトウェアキーボードで文字を入力します。「テンキー」（一般的な携帯電話の入力方法）と「QWERTY」を切り替えて使用できます。

文字入力方法

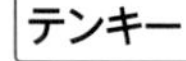

かな入力

QWERTY

ローマ字入力

MEMO 2種類のキーボード

ソフトウェアキーボードは、日本語入力の場合、ローマ字入力の「QWERTY」とかな入力の「テンキー」から選択することができます。なお「テンキー」は、トグル入力ができる「テンキーフリックなし」、トグル入力に加えてフリック入力ができる「テンキーフリック」、フリック入力の候補表示が上下左右に加えて斜めも表示される「テンキー 8フリック」から選択することができます。

キーボードの種類を切り替える

① 文字入力が可能な場面になると、キーボード(画面は「テンキーフリック」)が表示されます。⚙をタップします。

② 「Samsungキーボード」画面が表示されるので、[言語とタイプ]をタップします。

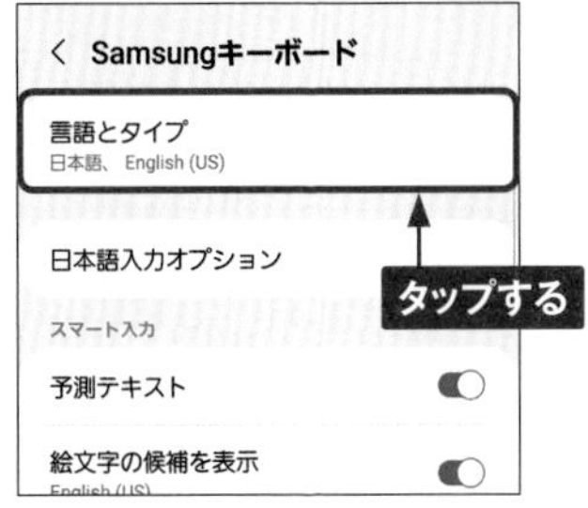

③ 「言語とタイプ」画面が表示されます。ここでは、日本語入力時のキーボードを選択します。[日本語]をタップします。

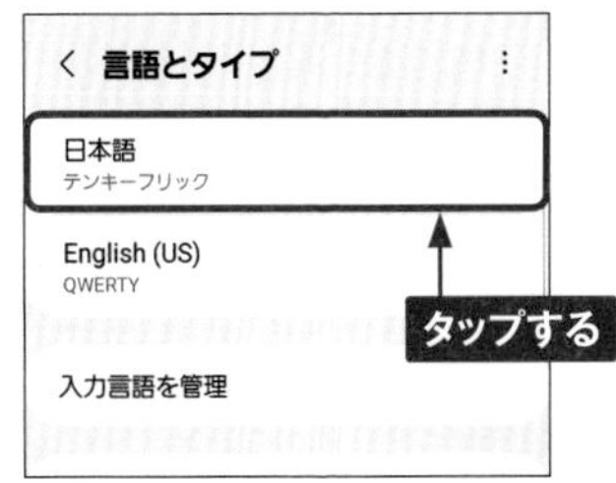

④ 利用できるキーボードが表示されます。ここでは[QWERTY]をタップします。

⑤ 「言語とタイプ」画面の「日本語」欄が「QWERTY」に変わります。＜を2回タップします。

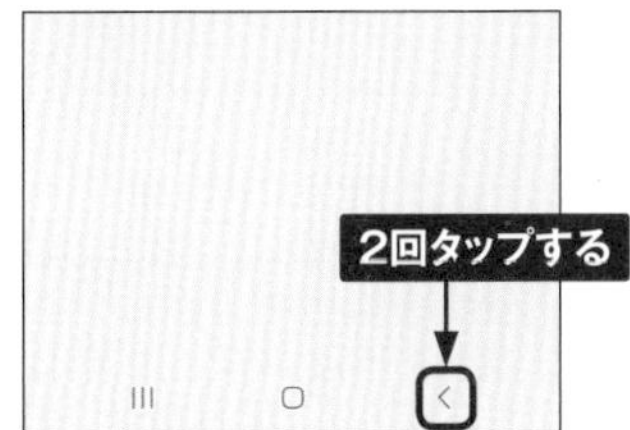

⑥ 入力欄をタップすると、QWERTYキーボードが表示されます。なお、∨タップすると、キーボードが非表示になります。

1

テンキーで文字を入力する

●トグル入力を行う

1 テンキーは、一般的な携帯電話と同じ要領で入力が可能です。たとえば、あを5回→かを1回→さを2回タップすると、「おかし」と入力されます。

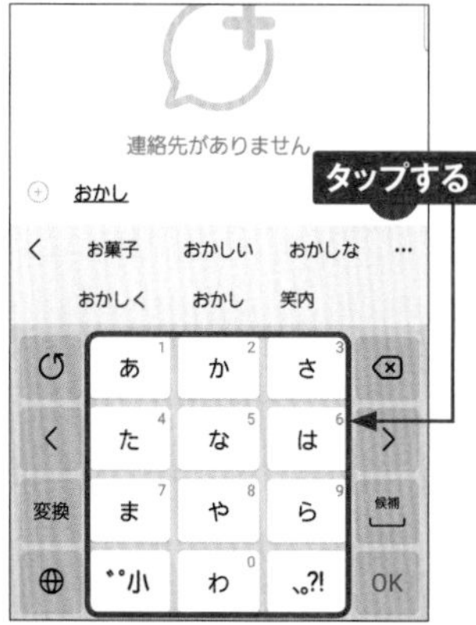

2 変換候補から選んでタップすると、変換が確定します。手順①で…をタップして、変換候補の欄をスワイプすると、さらにたくさんの候補を表示できます。

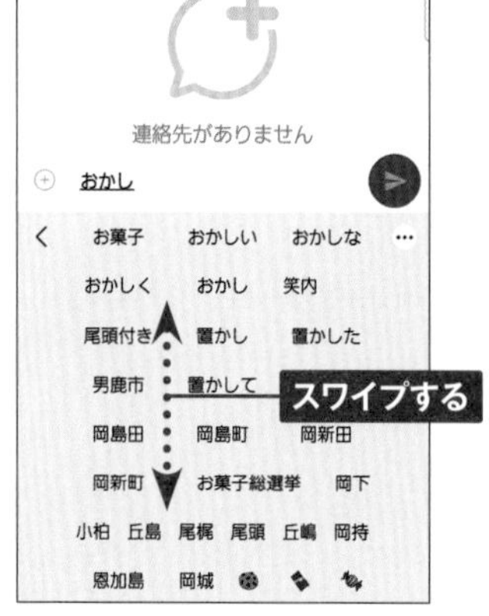

●フリック入力を行う

1 テンキーでは、キーを上下左右にフリックすることでも文字を入力できます。キーをロングタッチするとガイドが表示されるので、入力したい文字の方向へフリックします。

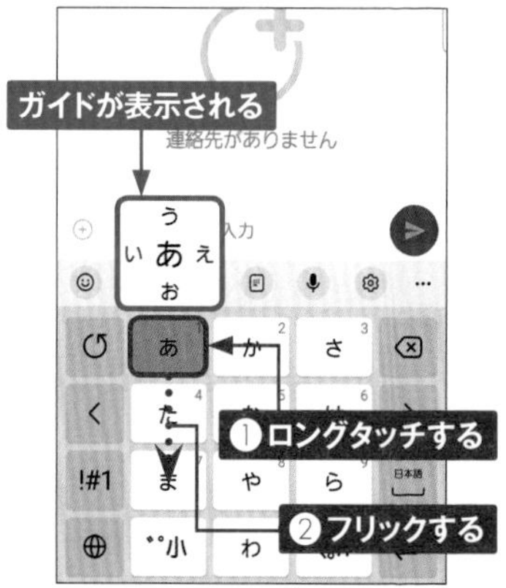

2 フリックした方向の文字が入力されます。ここでは、あを下方向にフリックしたので、「お」が入力されました。

QWERTYで文字を入力する

① QWERTYでは、パソコンのローマ字入力と同じ要領で入力が可能です。たとえば、G→I→J→Uの順にタップすると、「ぎじゅ」と入力され、変換候補が表示されます。候補の中から変換したい単語をタップすると、変換が確定します。

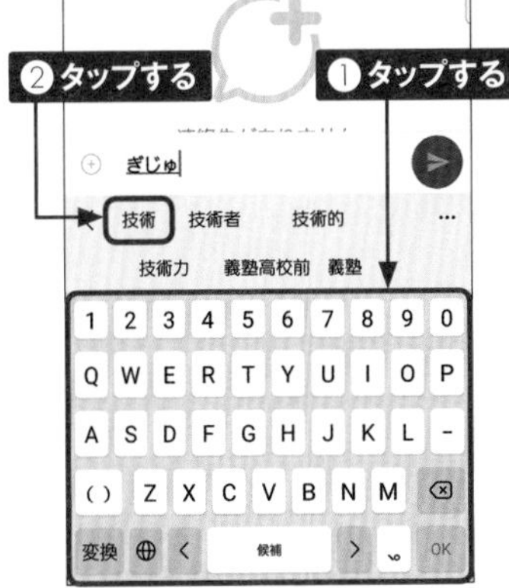

② 文字を入力し、［変換］をタップしても文字が変換されます。

③ 希望の変換候補にならない場合は、＜／＞をタップして文節の位置を調節します。

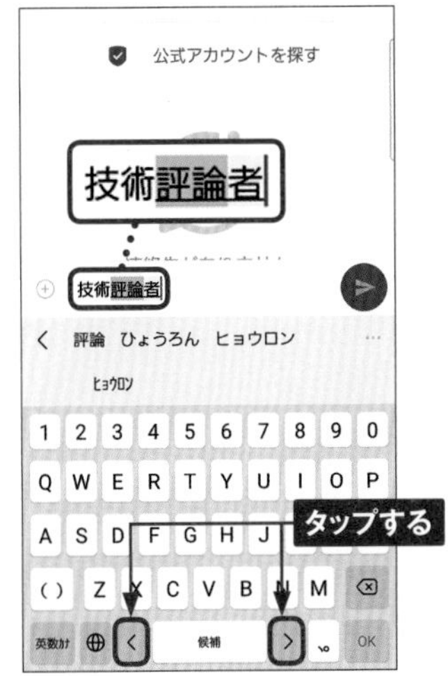

④ OKをタップすると、濃いハイライト表示の文字部分の変換が確定します。

1

文字種を切り替える

① 現在はテンキーの日本語入力になっています。文字種を切り替えるときは、⊕をタップします。

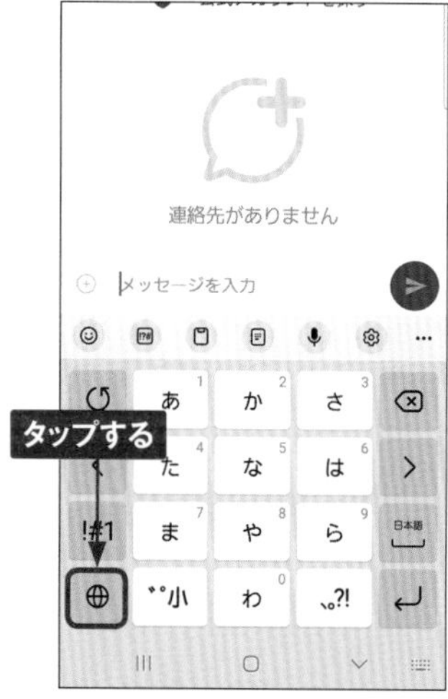

② 半角英数字の英語入力になります。キーボードは、P.21で設定したキーボードが表示されます（標準では「QWERTY」）。全角の英数字に切り替えてみましょう。⋯→［全角／半角］をタップします。

③ 全角の英数字が入力できるようになります。同じ操作で半角に戻すことができます。

④ 手順①の画面で、!#1をタップすると、画面のような数字入力になります。文字入力に戻す場合は、あいうをタップします。

キーボードの大きさを変更する

① キーボード上部にアイコンが表示された状態で、⋯をタップします。

② メニューを左方向にスワイプして、[キーボードサイズ] をタップします。

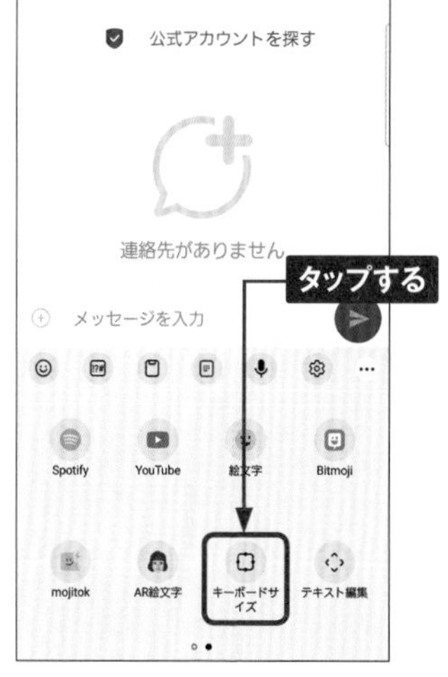

③ 上左右の▬をドラッグして大きさを変更し、◎をドラッグして位置を変更して、[完了] をタップします。

④ キーボードのサイズと位置が変更されました。もとに戻す場合は、手順③の画面を表示して、[リセット] をタップします。

1

Section 08

テキストをコピー&ペーストする

A54は、パソコンと同じように自由にテキストをコピー&ペーストできます。コピーしたテキストは、別のアプリにペースト(貼り付け)して利用することもできます。

1

テキストをコピーする

① コピーしたいテキストの辺りをダブルタップします。

② テキストが選択されます。●と●を左右にドラッグして、コピーする範囲を調整します。

③ [コピー]をタップします。

④ テキストがコピーされました。

テキストをペーストする

① 入力欄で、テキストをペースト（貼り付け）したい位置をタップします。

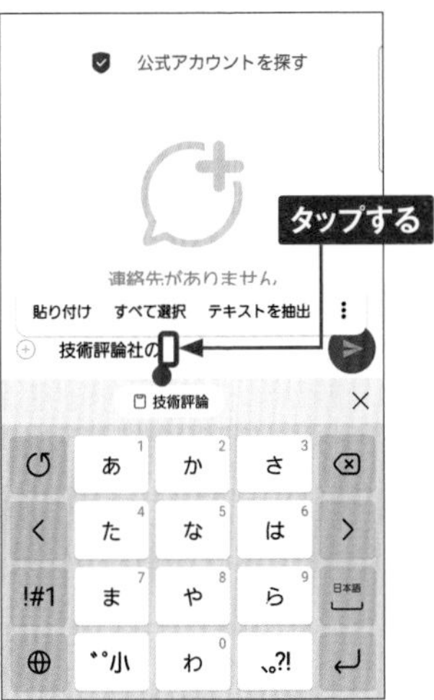

② ［貼り付け］をタップします。

③ コピーしたテキストがペーストされます。

MEMO **Chromeでのコピー方法**

Chromeなどのテキストを入力できるアプリでも、ここで紹介した手順でテキストをコピーできます。

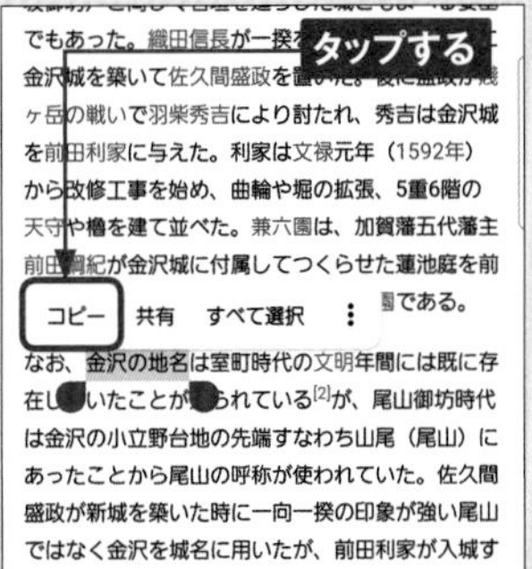

Section 09

Googleアカウントを設定する

Googleアカウントを登録すると、Googleが提供するサービスが利用できます。なお、初期設定で登録済みの場合は、必要ありません。取得済みのGoogleアカウントを利用することもできます。

1

Googleアカウントを設定する

① 通知パネルを表示し（P.17参照）、✿をタップします

② 「設定」アプリが起動するので、[アカウントとバックアップ] をタップします。

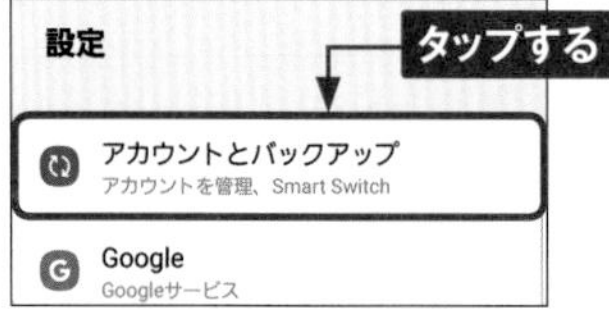

③ [アカウントを管理] をタップします。

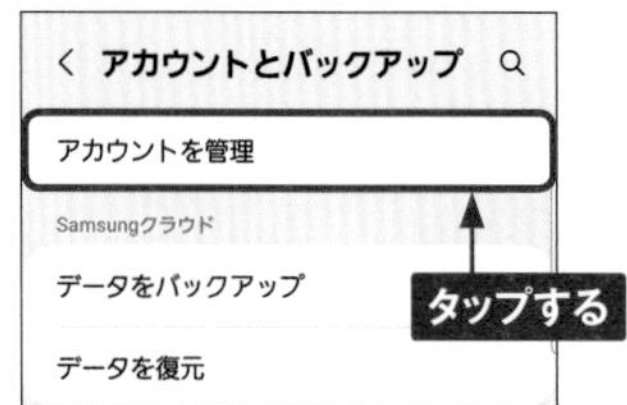

④ [アカウント追加] をタップします。ここに「Google」が表示されていれば、既にGoogleアカウントを設定済みです（P.30手順⑩参照）。

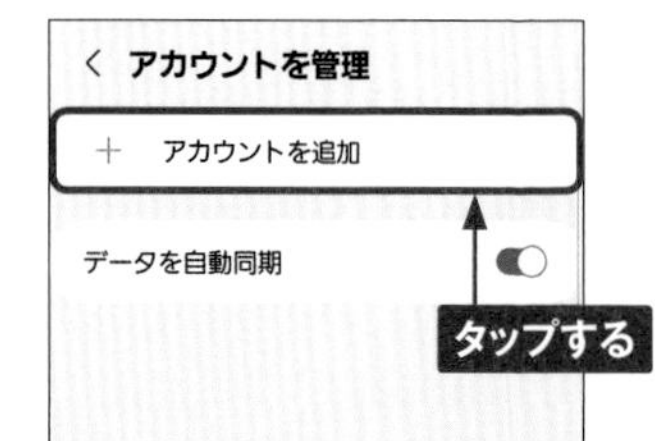

MEMO Googleアカウントとは

Googleアカウントを取得すると、Playストアからのアプリのインストールやグーグルが提供する各種サービスを便利に利用することができます。アカウントは、メールアドレスとパスワードを登録するだけで作成できます。Googleアカウントを設定すると、Gmailが利用できるようになり、メールが届きます。

5 ［Google］をタップします。

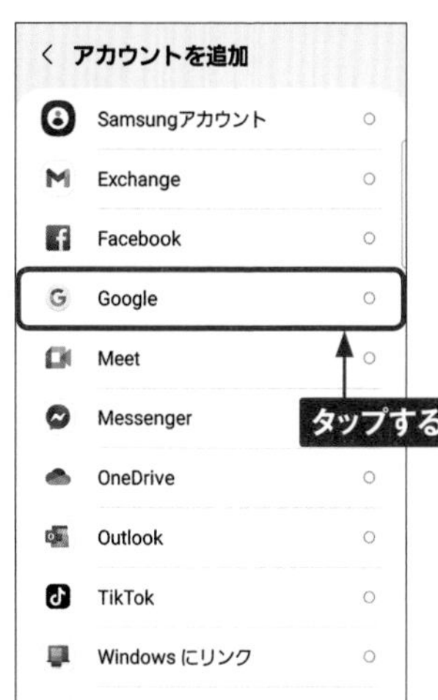

6 新規にアカウントを取得する場合は、［アカウントを作成］→［自分用］をタップして、画面の指示に従って進めます。

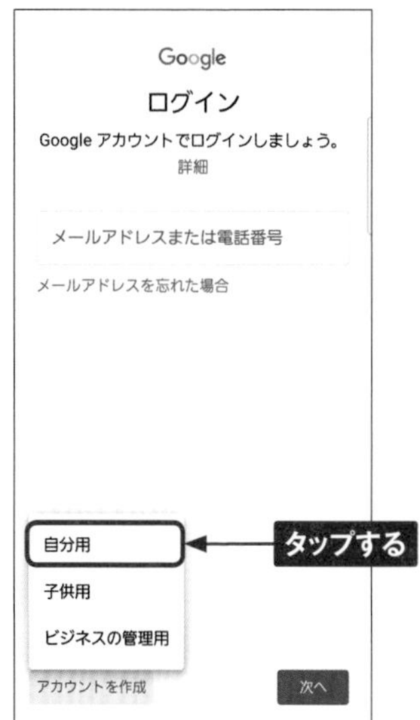

7 「アカウント情報の確認」画面が表示されたら、［次へ］をタップします。

8 「プライバシーポリシーと利用規約」の内容を確認して、［同意する］をタップします。

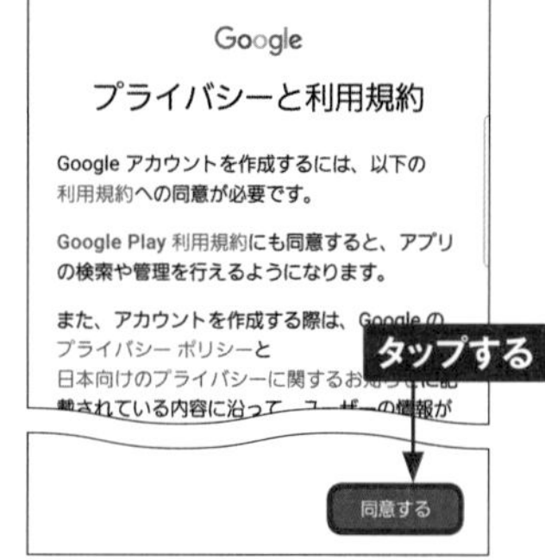

MEMO 既存のアカウントを利用する

取得済みのGoogleアカウントがある場合は、手順⑥の画面でメールアドレスを入力して、［次へ］をタップします。次の画面でパスワードを入力して操作を進めると、P.30手順⑩の画面が表示されます。

1

⑨ 画面を上方向にスワイプし、利用したいGoogleサービスがオンになっていることを確認して、［同意する］をタップします。

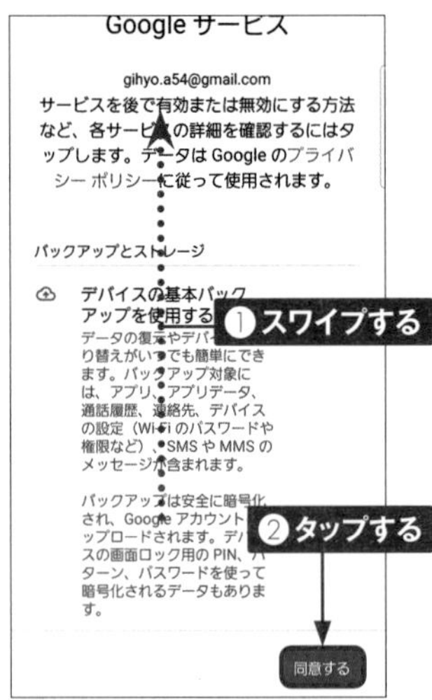

⑩ P.28手順③～④の過程で表示される「アカウントを管理」画面に戻ります。Googleアカウントをタップします。

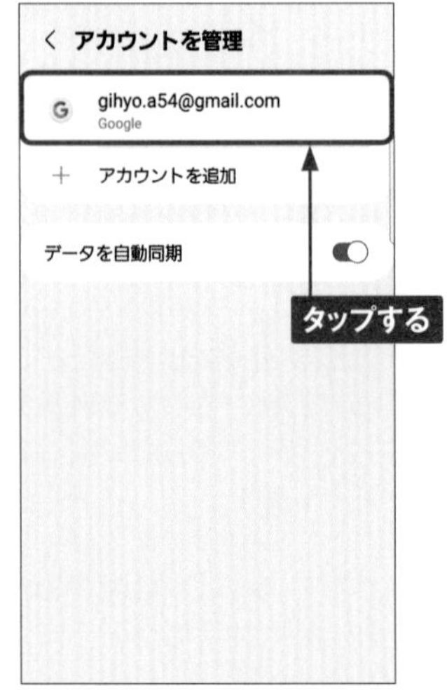

⑪ ［アカウントを同期］をタップします。

⑫ Googleアカウントで同期可能なサービスが表示されます。サービス名をタップして、にすると、同期が解除されます。

Googleアカウントの削除

手順⑪の画面で［アカウントを削除］をタップすると、GoogleアカウントをA54から削除することができます。

Chapter 2

電話機能を使う

Section 10

電話をかける／受ける

電話操作は発信も着信も非常にシンプルです。発信時はホーム画面のアイコンから簡単に電話を発信でき、着信時はドラッグ操作で通話を開始できます。

電話をかける

2

① ホーム画面で をタップします。

② 「キーパッド」画面が表示されていないときは、[キーパッド] をタップします。

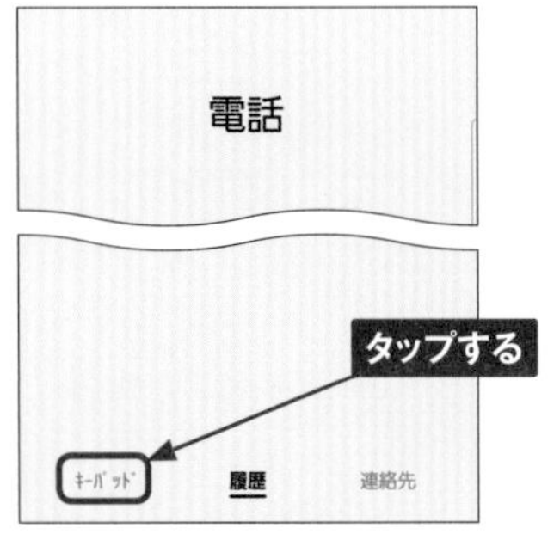

③ ダイヤルキーをタップして宛先の電話番号を入力し、 をタップすると電話が発信されます。

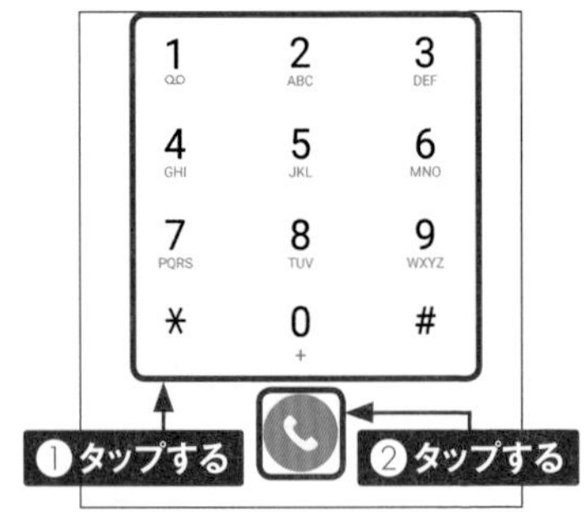

④ 相手が応答すると通話開始です。 をタップすると、通話が終了します。

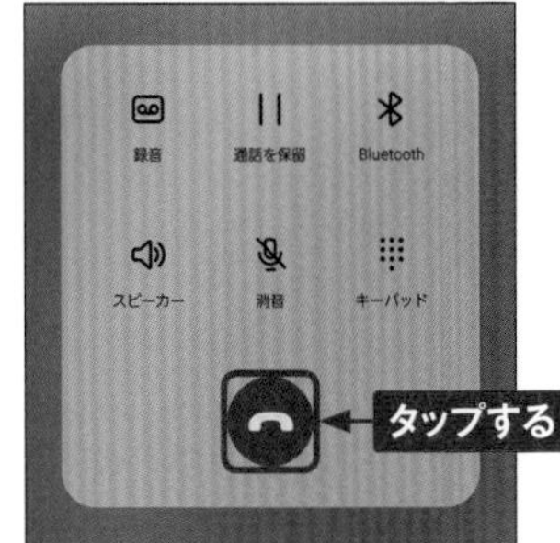

電話を受ける

●スリープ中に電話を受ける

1 スリープ中に電話が着信すると、「着信」画面が表示されます。📞を円の外までドラッグします。

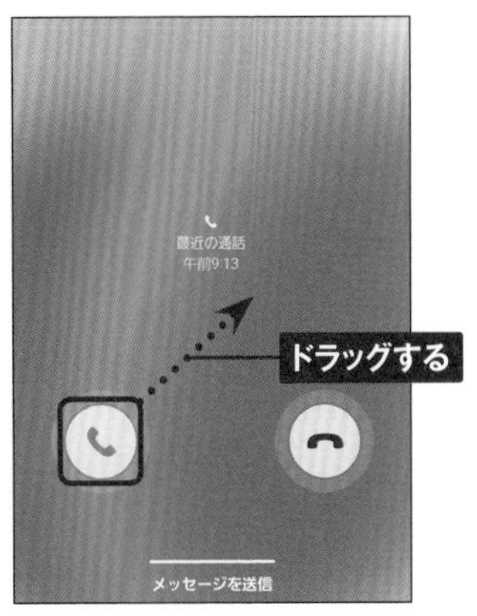

2 相手との通話が始まります。📞をタップすると、通話が終了します。

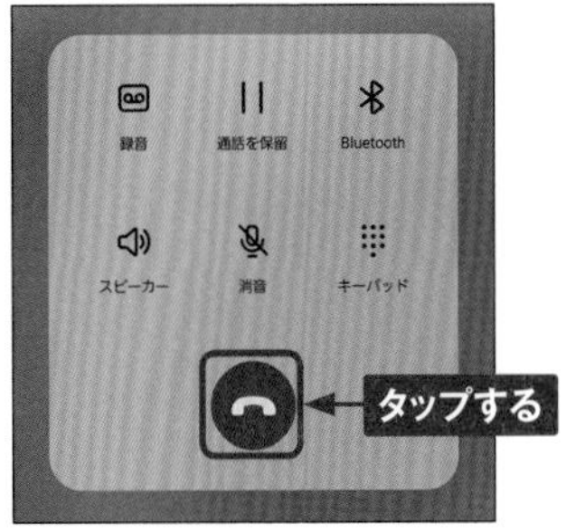

●利用中に電話を受ける

1 利用中に電話が着信すると、画面上部に着信画面が表示されます。📞をタップします。

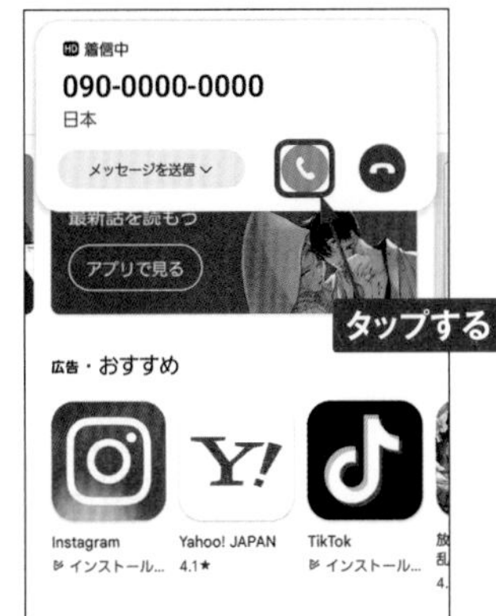

2 相手との通話が始まります。📞をタップすると、通話が終了します。

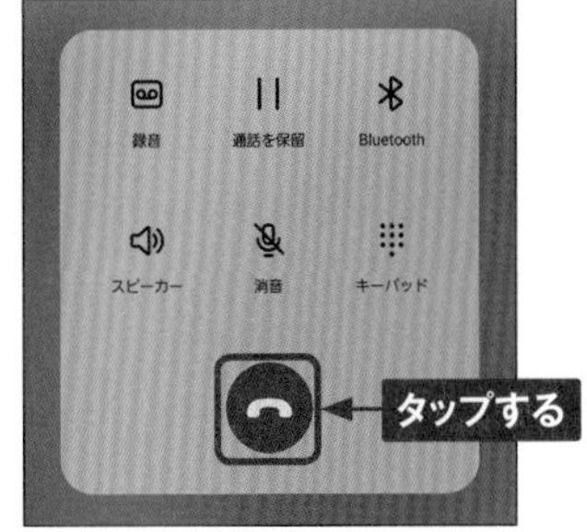

MEMO **着信音を止める**

標準では、着信音やアラームが鳴っているときに、手のひらで画面をタッチするか、本体の画面を下にして伏せると消音します。

2

Section 11

Application

通話履歴を確認する

電話をかけ直すときは、履歴画面から行うと手間をかけずに発信できます。また、履歴の件数が多くなりすぎた場合、履歴を消去することも可能です。

2

履歴を確認して発信する

① ホーム画面で をタップします。

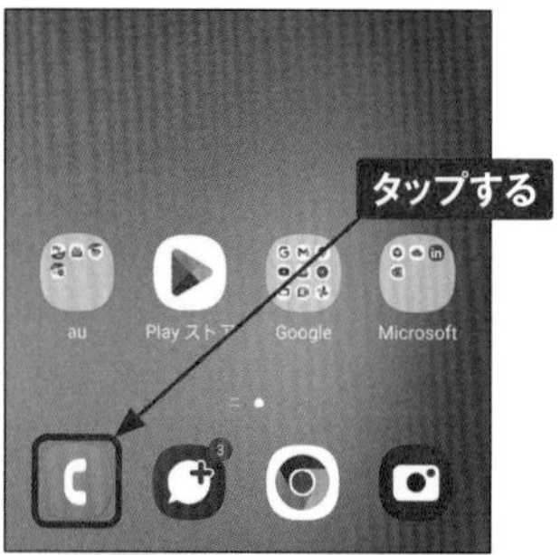

② 「履歴」画面が表示されていない場合は、［履歴］をタップします。

③ 発着信履歴が一覧となった画面が表示されます。電話を発信したい履歴をタップします。

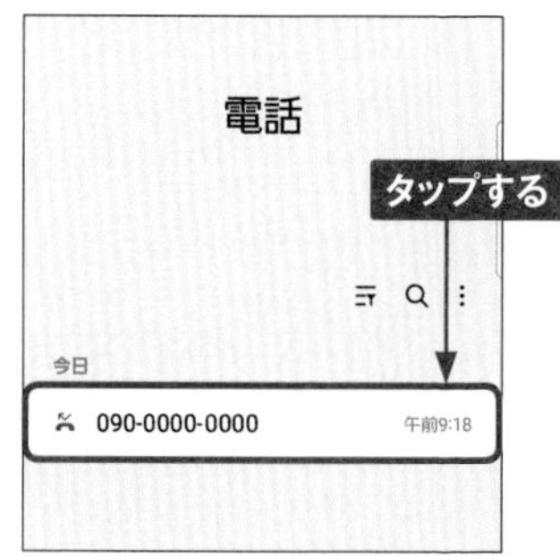

④ をタップすると、電話が発信されます。 をタップすると、「＋メッセージ（SMS）」アプリの作成画面が表示されます（Sec.20参照）。

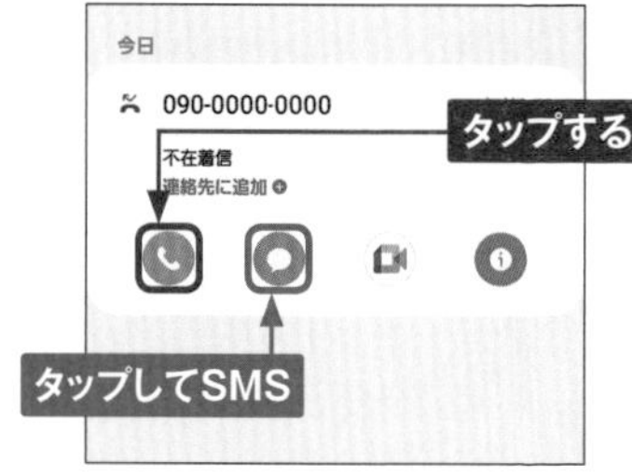

履歴から連絡先に登録する

1 「連絡先」に登録する番号をタップして［連絡先に追加］をタップします

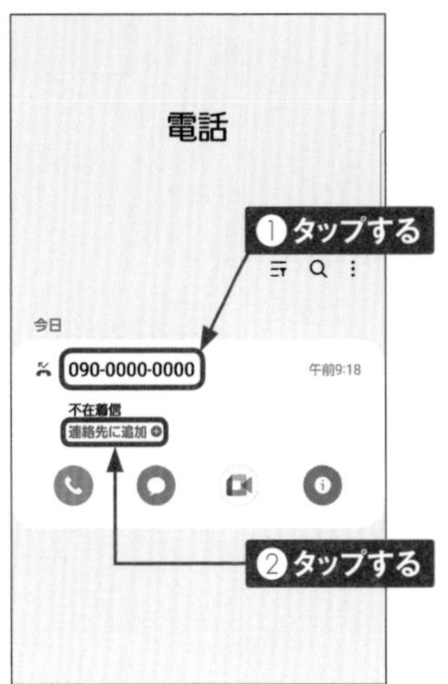

2 ［連絡先を新規作成］をタップします。

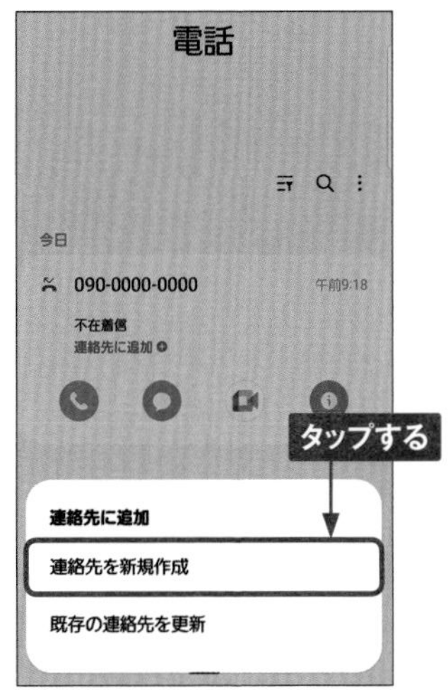

3 「連絡先」の登録画面で、表示された［連絡先の保存先］で［本体］をタップします。

4 名前や電話番号を入力して［保存］をタップします。「連絡先」のほか、通話履歴やドコモ版ではドコモ電話帳（利用している場合）にも登録した名前が表示されます。

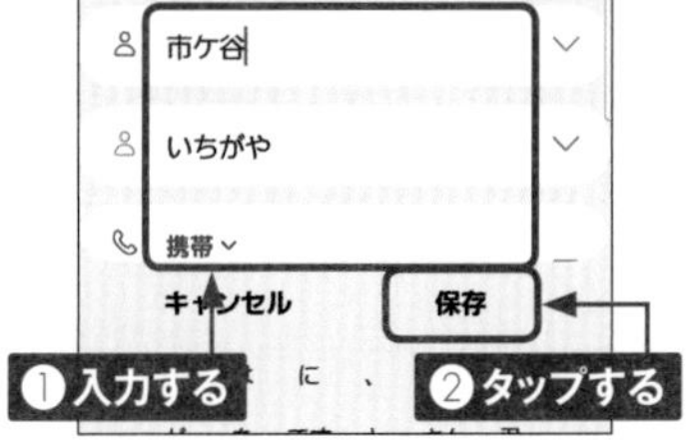

MEMO ドコモ版の手順

手順②の後、ドコモ版では「アプリケーションを選択」画面が表示されるので、［連絡先］→［1回のみ］（または［常時］）とタップします。

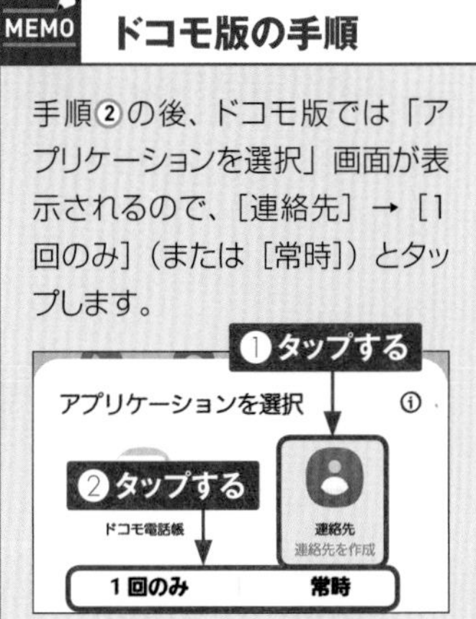

2

Section 12

Application

伝言メモを利用する

A54では、電話に応答できないときに、本体に発信者からのメッセージを記録する伝言メモ機能があります。auやUQ mobile、ドコモが提供する留守番電話サービスとの違いも確認しましょう。

伝言メモを設定する

① ホーム画面で をタップし、右上の⋮をタップして［設定］をタップします。

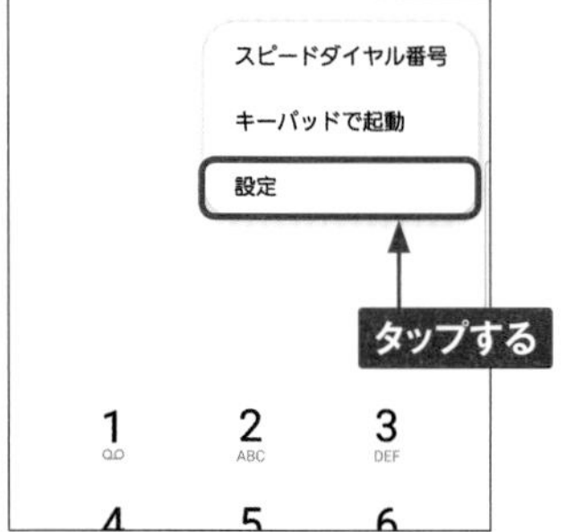

② ［伝言メモ設定］をタップします。

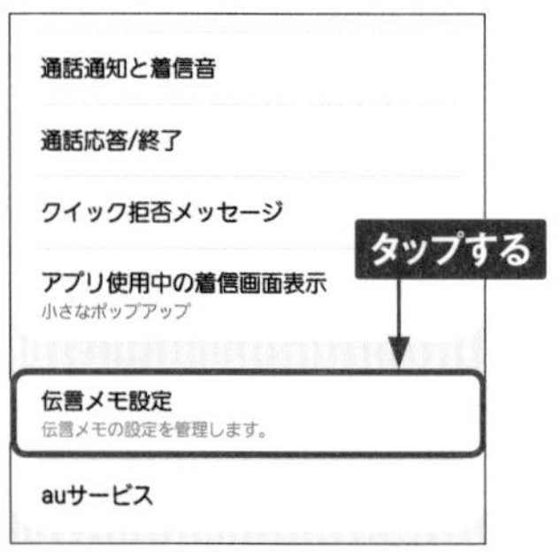

③ ［メッセージで自動応答］（初期状態は「手動」で伝言メモはオフ）をタップします。

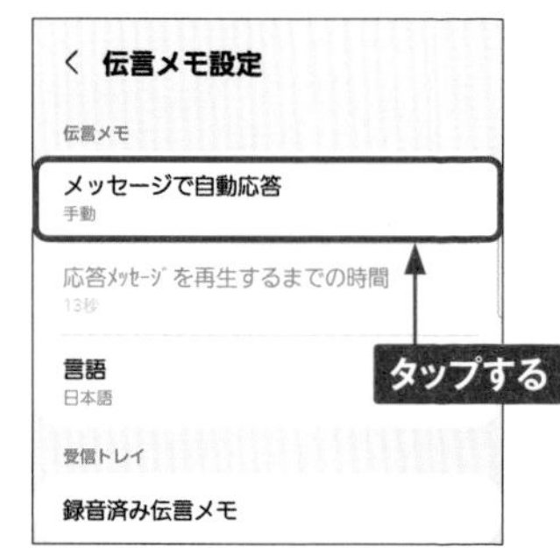

④ 伝言メモを設定するには、［毎回］または［バイブ／サイレント設定中は有効］をタップします。

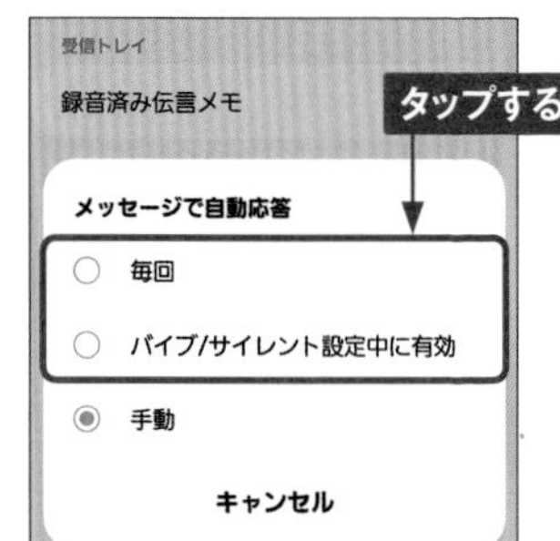

2

伝言メモを確認する

1 不在着信があると、ステータスバーに通知アイコンが表示されるので、ステータスバーを下方向にスライドします。

2 通知パネルが表示されます。伝言メモがあると、「新しい録音メッセージ」と通知に表示されるので、タップして詳細を表示し、聞きたい伝言をタップします。

3 再生していないメッセージには❗が表示されます。再生したいメッセージをタップします。

4 メッセージが再生されます。再生が終了したら×をタップします。メッセージを削除するときは、手順③の画面で削除したいメッセージをロングタッチし、［削除］をタップします。

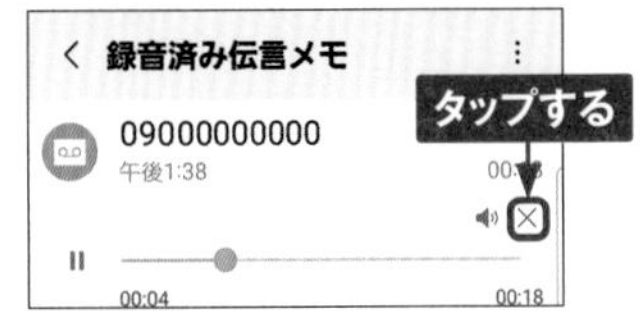

MEMO 伝言メモと留守番電話サービス

伝言メモは料金がかかりませんが、電波の届かない場所では利用できません。au/UQ mobileとドコモでは、電話が届かない場所でも留守番電話が使える「留守番電話サービス」（有料）を提供しています。電波が届く場所では伝言メモ、届かない場合には留守番電話を利用したい場合は、伝言メモの応答時間（P.36手順③の［応答メッセージを～］で設定）を、留守番電話の応答時間より短くしておきましょう。

Section 13

着信を拒否したり通話を自動録音する

A54本体には着信拒否機能が搭載されています。また、通話を自動録音することもできます。迷惑電話やいたずら電話対策にこれらの機能を活用しましょう。

着信拒否を設定する

1 P.36手順②の画面で［番号指定ブロック］をタップします。電話番号を手動で入力することもできますが、ここでは履歴から着信拒否を設定します。［履歴］をタップします。

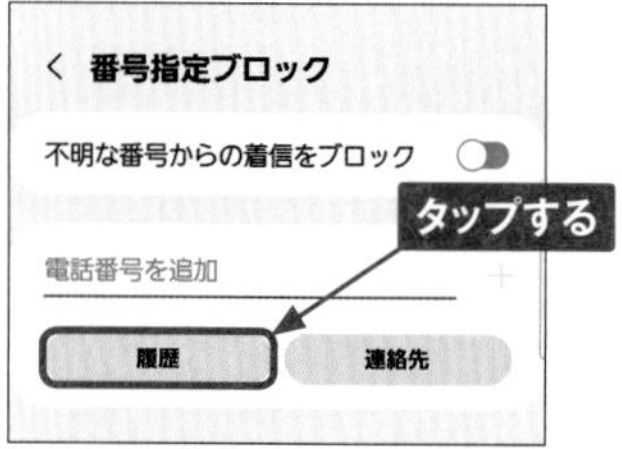

2 着信拒否に設定したい履歴をタップします。

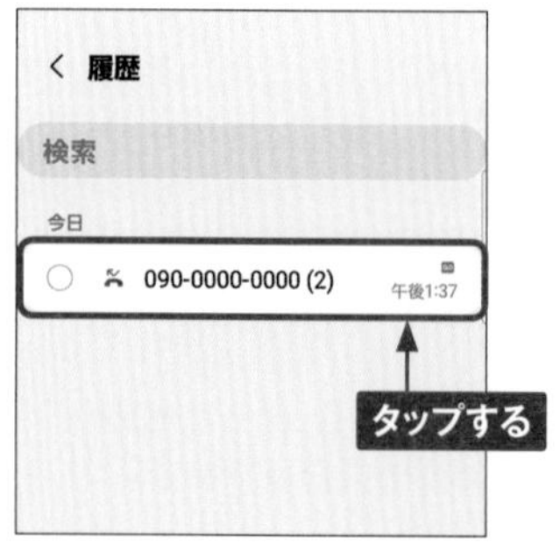

3 番号が読み込まれます。［完了］をタップします。

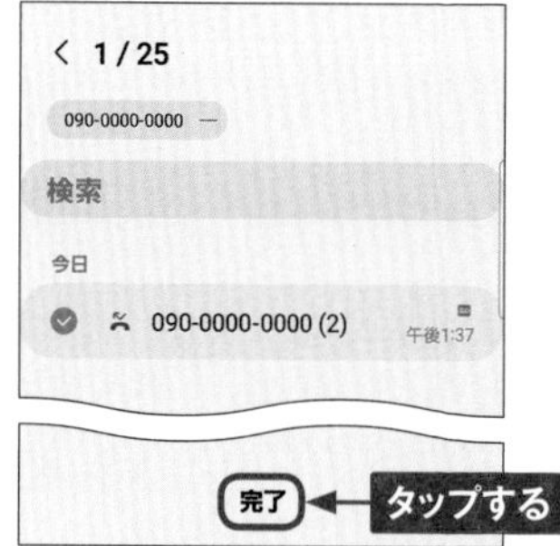

4 登録した相手が電話をかけると、電話に出られないとアナウンスが流れます。着信拒否を解除する場合は、ーをタップします。

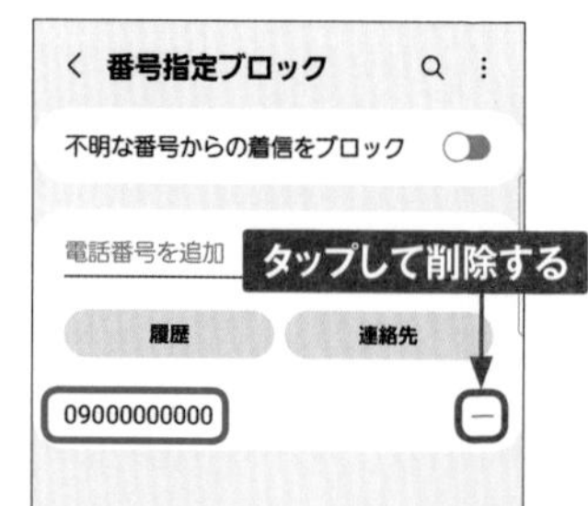

通話を自動録音する

① P.36手順②の画面で［通話を録音］をタップします。

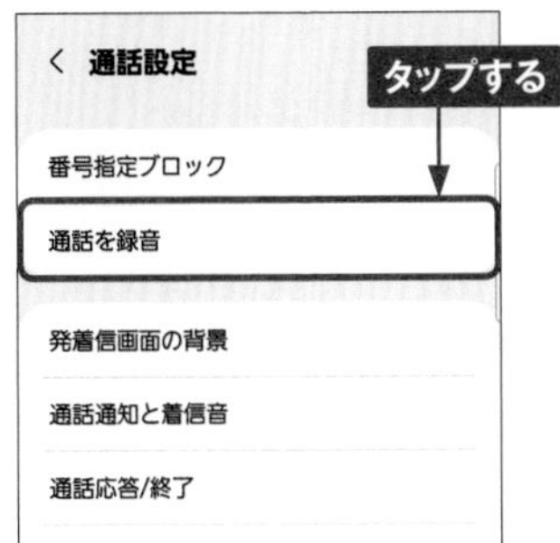

② ［通話の自動録音］をタップします。

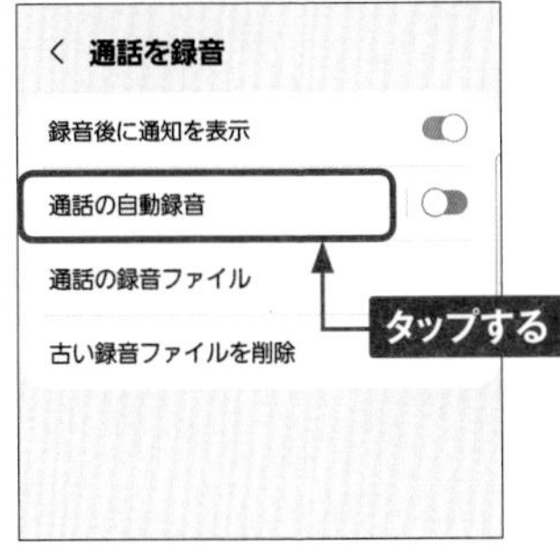

③ ［OFF］をタップします。

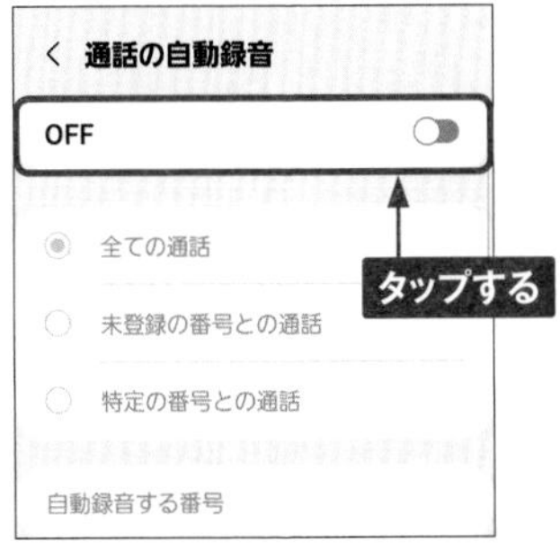

④ 自動録音する番号を選択してタップすると、設定完了です。

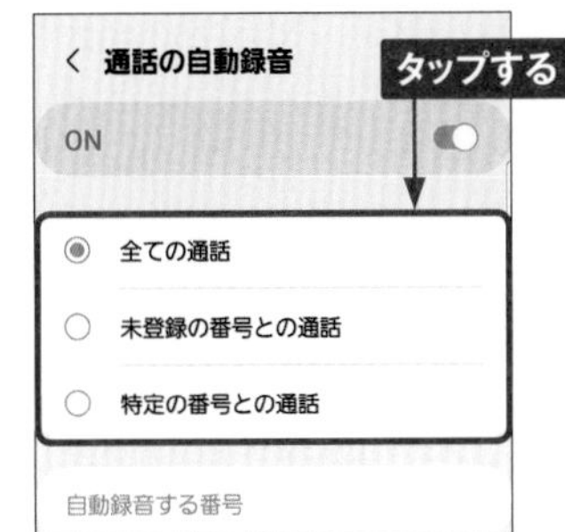

⑤ 通話後、通知パネルに表示される［通話の録音完了］をタップします。

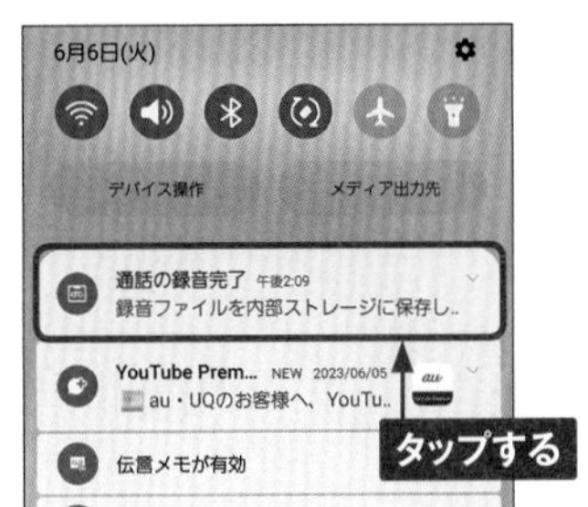

⑥ 再生したい通話をタップすると再生されます。なお、録音ファイルは、「ボイスレコーダー」アプリなどでいつでも再生できます。

2

連絡先を利用する

電話番号やメールアドレスなどの連絡先は、「連絡先」アプリで管理することができます。保存先をGoogleにすれば、連絡先データがGoogleのサーバーに自動で保存されるようになります。

連絡先を新規登録する

1 ホーム画面で上方向にフリックします。ドコモ版は⊞をタップします。

2 アプリ一覧が表示されるので、（ドコモ版は［Samsung］→）［連絡先］をタップします。初回は［許可］をタップします。

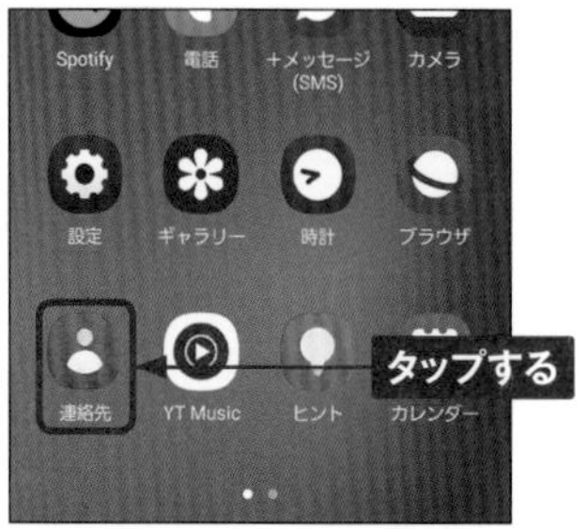

3 「連絡先」アプリが起動します。既存のGoogleアカウントを設定済み（Sec.09参照）の場合、既存のGoogleアカウントに登録されていた連絡先データが表示されます。＋をタップします。

MEMO プロフィールを登録する

手順③の画面で画面上部の番号、または自分の名前をタップして、［編集］をタップすると、自分のプロフィールを登録することができます。

4 初回は保存先を設定する画面が表示されます（MEMO参照）。［名前］をタップして入力し、続けてほかの項目を入力します。

5 必要事項をすべて入力したら、［保存］をタップします。

6 連絡先の詳細が表示されます。「連絡先」画面に戻るには、＜をタップします。

MEMO 連絡先データの保存先

連絡先を登録する際、GoogleアカウントやSamsungアカウントを設定していると、手順④の画面で上部のアカウント部分をタップすることで、連絡先の保存先を、「本体」や「Google」「Samsungアカウント」（ドコモ版は「docomo」も）から選択することができます。おすすめは、「Google」です。

2

連絡先を編集する

① 「連絡先」アプリを起動し、編集したい連絡先をタップします。

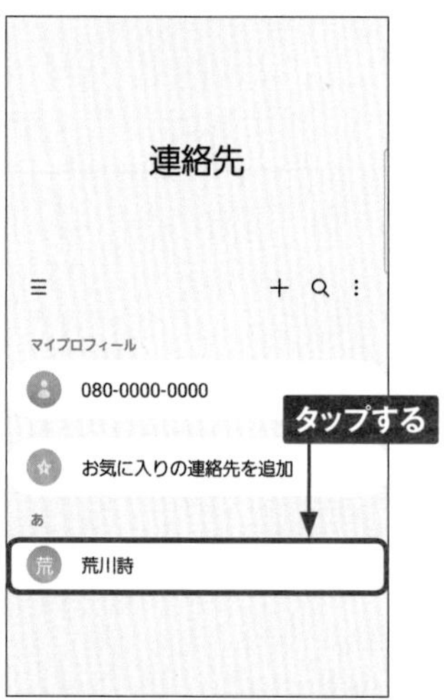

② 連絡先の詳細画面が表示されます。[編集] をタップします。

③ 各項目をタップして編集することができます。表示されていない項目を入力したいときは、[さらに表示] をタップします。

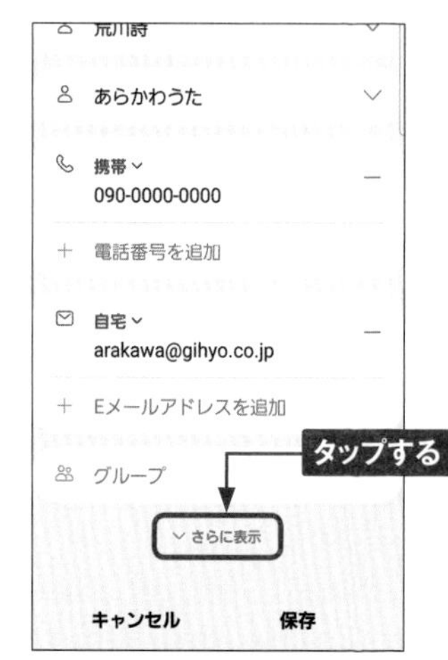

④ 入力できる項目が増えるので、必要な項目を入力して、[保存]をタップします。

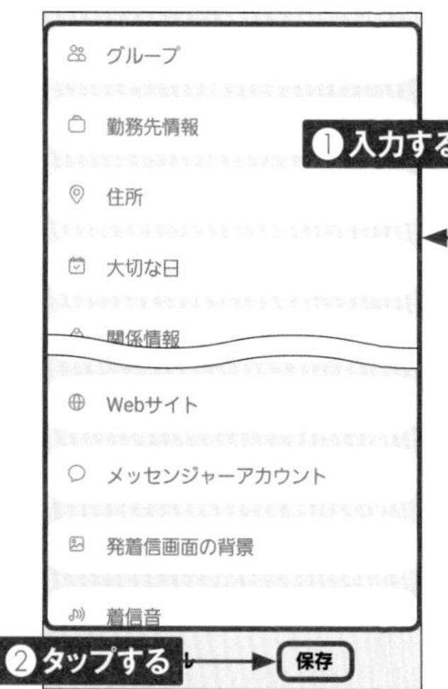

2

個別の着信音やバイブを登録する

1 P.42手順④の画面を表示して、[着信音] をタップします。初回は次の画面で [許可] をタップします。

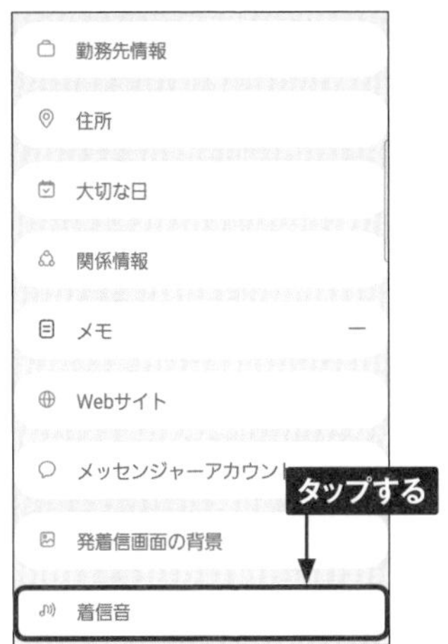

2 標準では「標準音」に設定されています。好みの着信音をタップして選択し、＜をタップします。

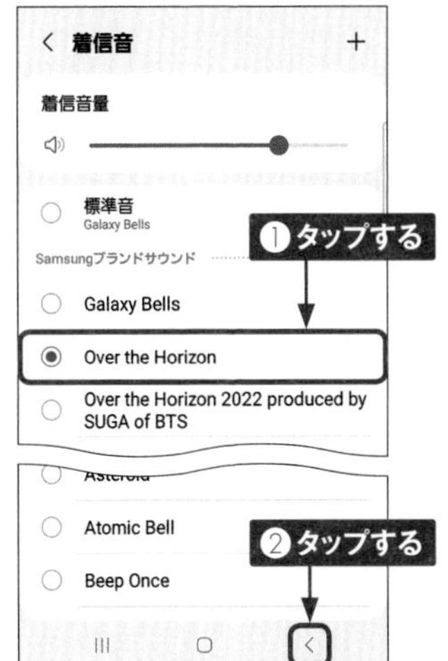

3 手順①の画面で [着信のバイブ] をタップすると、同様にバイブパターンを選択することができます。

MEMO 音楽を着信音に登録する

着信音は、標準で用意されている着信音以外に、本体に保存された好きな音を登録することができます。手順②の画面で＋をタップし、初回は [許可] をタップします。「サウンドピッカー」画面で、本体内の音楽を着信音として選択することができます。

2

Section 15

電話帳を利用する（ドコモ版）

ドコモ版では、電話番号やメールアドレスなどの連絡先は「ドコモ電話帳」でも管理できます。クラウド機能を有効にすることで、電話帳データが専用のサーバーに自動で保存されるようになります。

クラウド機能を有効にする

① ホーム画面で⊞をタップします。

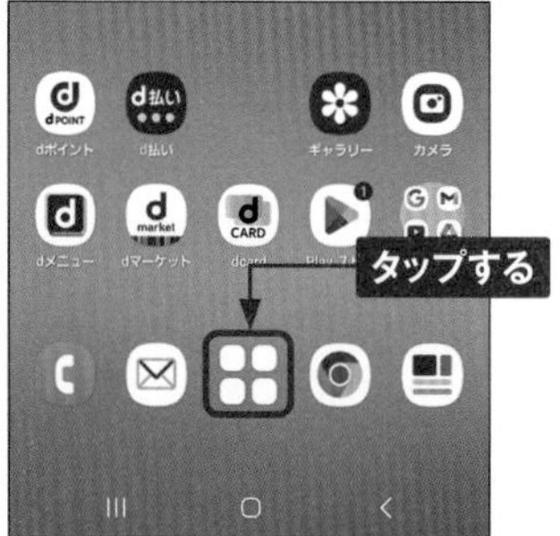

② アプリ一覧画面で、［ドコモ電話帳］をタップします。

③ 初回起動時は「クラウド機能の利用について」画面が表示されます。画面を上方向へスワイプします。

④ 画面の下部にある［注意事項］をタップします。

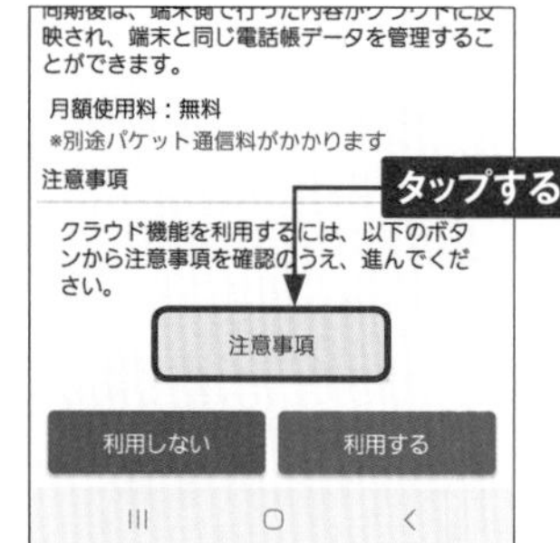

5 ドコモ電話帳サービスについての注意事項を確認したら、＜をタップして戻ります。

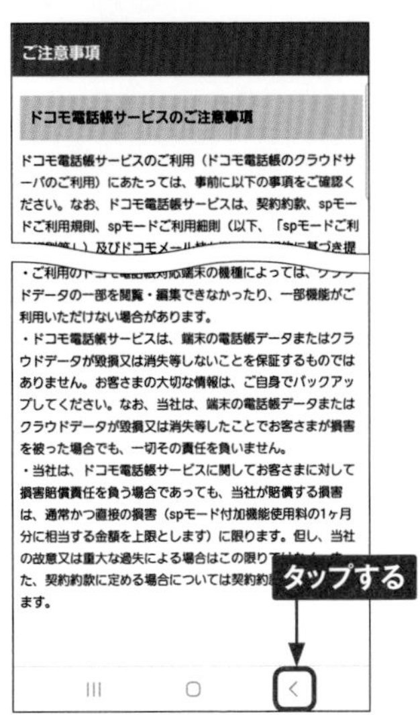

6 手順④～⑤と同様に、プライバシーポリシーについて確認し、［利用する］をタップします。許可画面が表示したら［許可］をタップします。

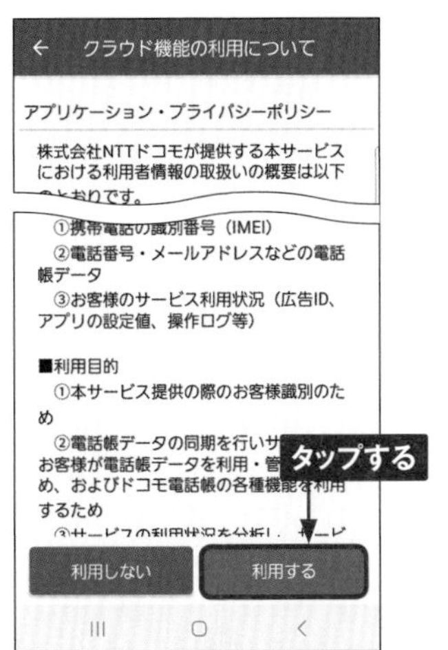

7 ドコモ電話帳に戻ります。機種変更などでクラウドサーバーに保存していた連絡先がある場合は、自動的に同期されます。

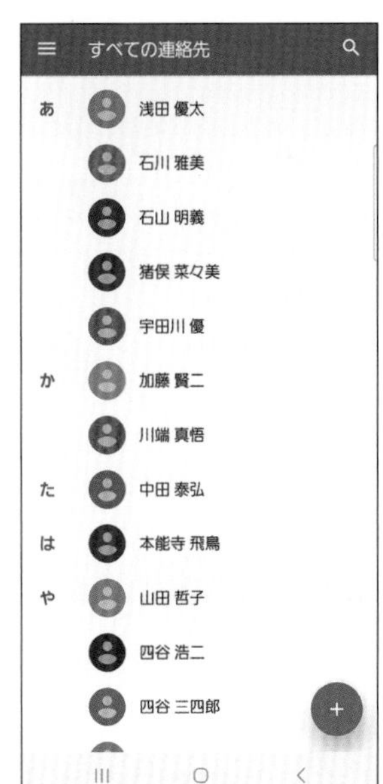

ドコモ電話帳のクラウド機能とは

ドコモ電話帳のクラウド機能では、電話帳データを専用のクラウドサーバー（インターネット上の保管庫）に自動保存しています。そのため、機種変更をしたときも、クラウドを利用して簡単に電話帳のデータを移行できます。また、パソコンから電話帳データを閲覧／編集できる機能も用意されています。

新規連絡先を登録する

1 P.44手順①～②を参考に「ドコモ電話帳」を起動し、➕をタップします。

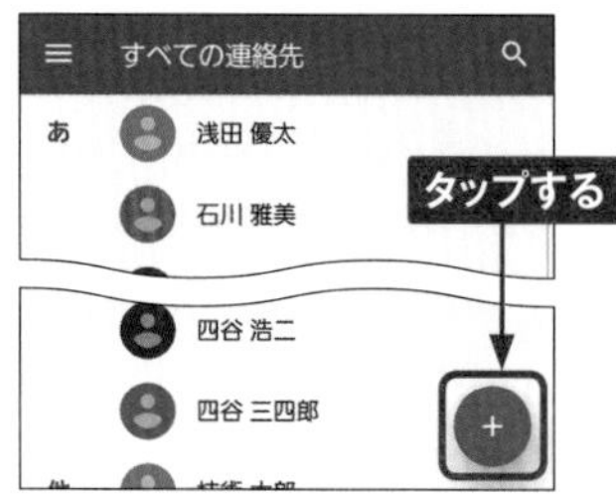

2 連絡先を保存するアカウントを選択します。ここでは［docomo］を選択します。

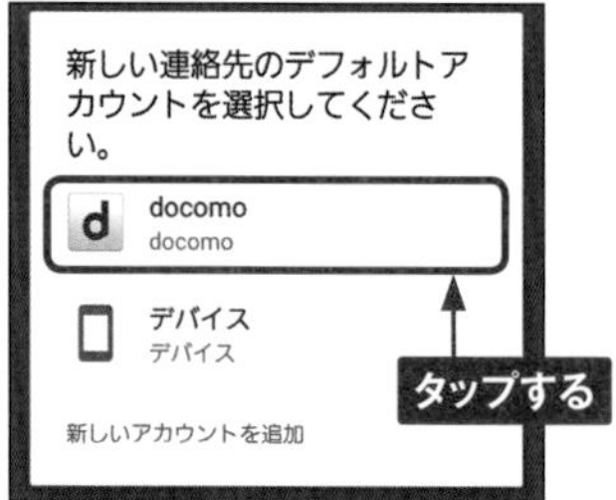

3 入力欄をタップし、ソフトウェアキーボードを表示して、「姓」と「名」の入力欄へ連絡先の情報を入力して、［次へ］をタップします。

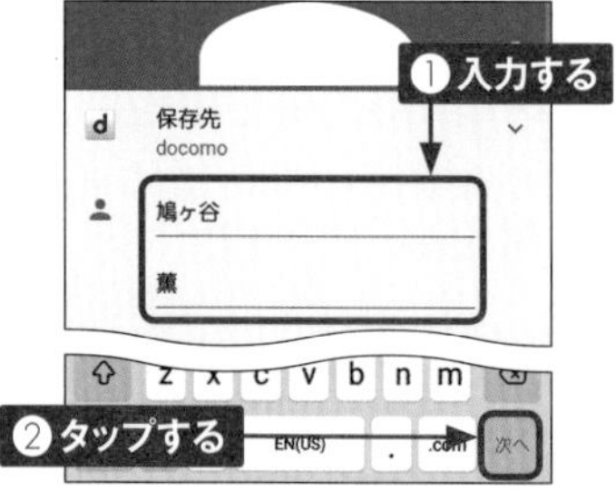

4 電話番号やメールアドレスを入力します。完了したら［保存］をタップします。

5 連絡先の情報が保存されます。＜をタップすると「ドコモ電話帳」に戻ります。

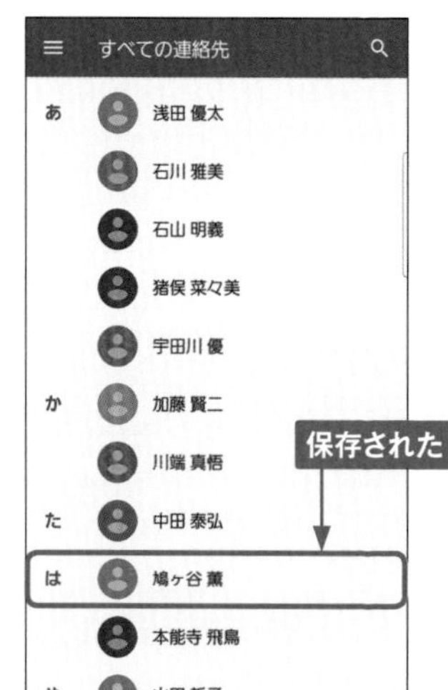

2

ドコモ電話帳のそのほかの機能

●連絡先を編集する

1 P.44手順①〜②を参考に「ドコモ電話帳」を起動し、編集したい連絡先をタップします。

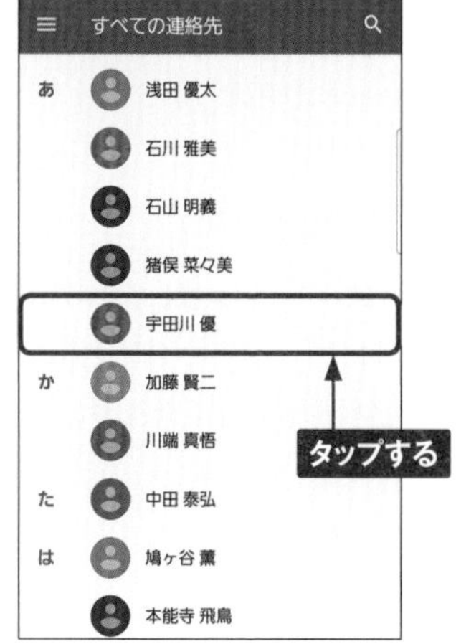

2 ✏をタップし、P.42手順③〜④を参考に連絡先を編集します。

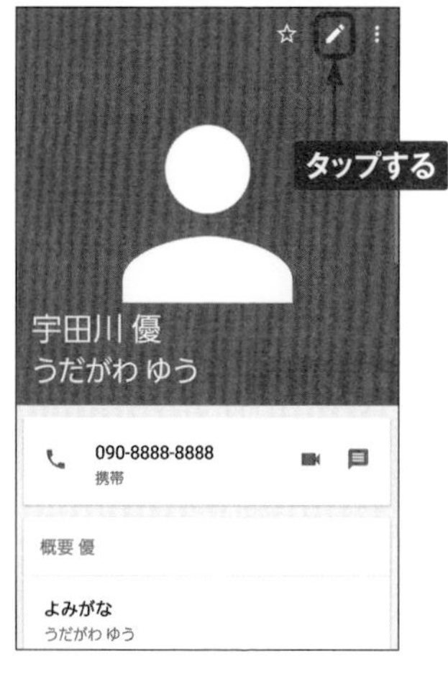

●電話帳から電話をかける

1 左記手順①〜②を参考に「プロフィール」画面を表示し、番号をタップします。

2 電話が発信されます。

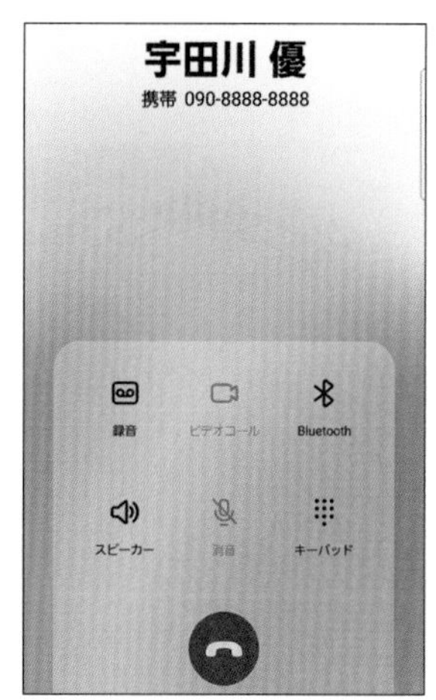

Section 16

サウンドやマナーモードを設定する

メールの通知音や電話の着信音は、「設定」アプリから変更することができます。また、各種音量を設定することもでき、マナーモードは通知パネルから素早く設定することができます。

通知音や着信音を変更する

① 「設定」アプリを起動し、［サウンドとバイブ］をタップします。

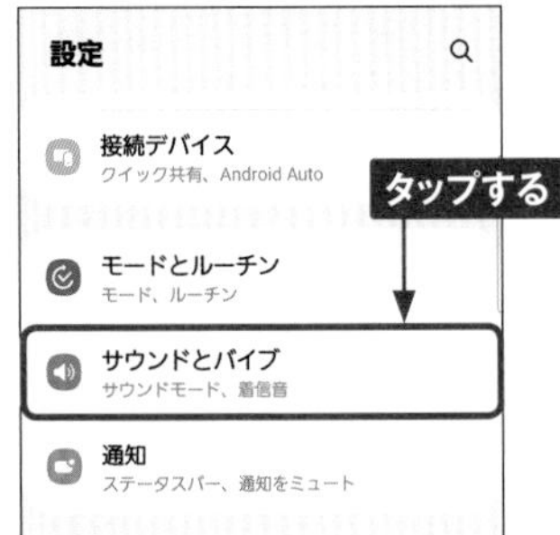

② ［着信音］または［通知音］をタップします。ここでは［着信音］をタップします。

③ 変更したい着信音をタップすると、着信音が変更されます。また、［着信時にバイブ］をタップすると、バイブの強度を設定することができます。

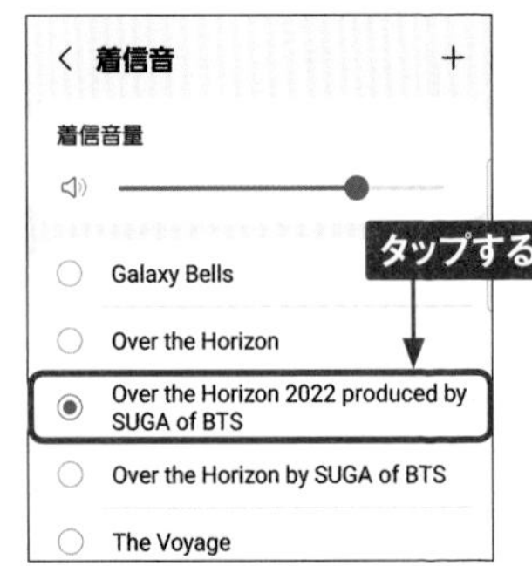

MEMO　操作音を設定する

手順②の画面の下部の「システムサウンド」では、「タッチ操作音」や「画面ロック音」などのシステム操作時の音、キーボード操作の音などのキータップ時の音の設定をすることができます。

音量を設定する

●［設定］画面から設定する

① P.48手順②の画面で［音量］をタップします。

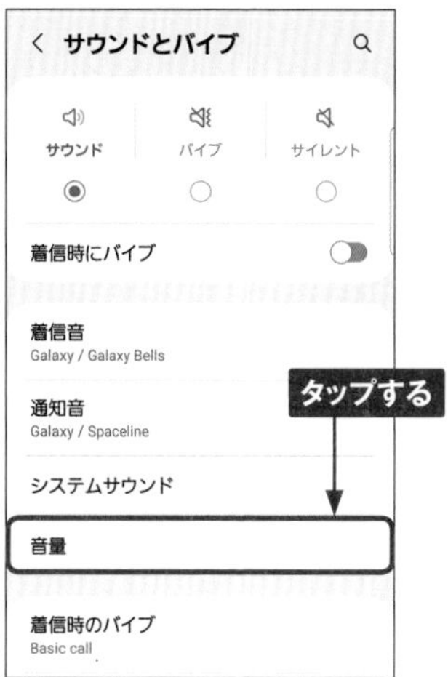

② 音量の設定画面が表示されるので、各項目のスライダーをドラッグして、音量を設定します。

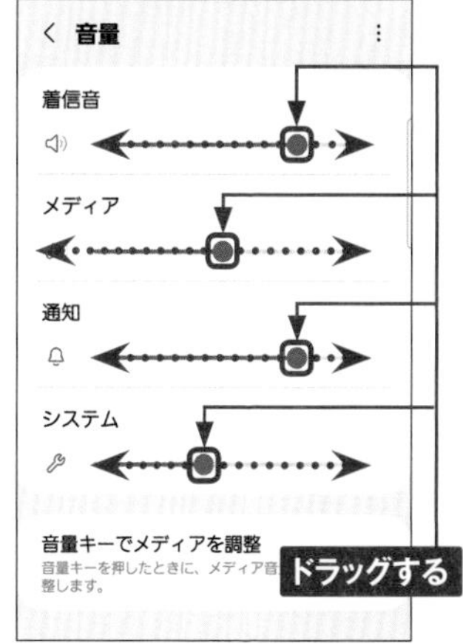

●音量キーから設定する

① ロックを解除した状態で、音量キーを押すと、着信音の音量設定画面が表示されるので、スライダーをドラッグして、音量を設定します。…をタップします。

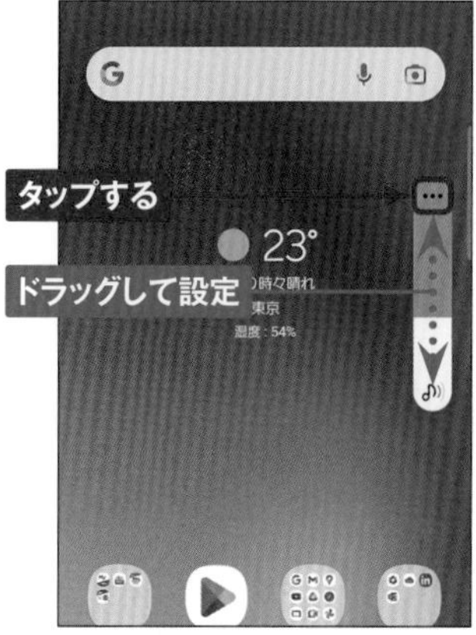

② 他の項目が表示され、ここから音量を設定することができます。

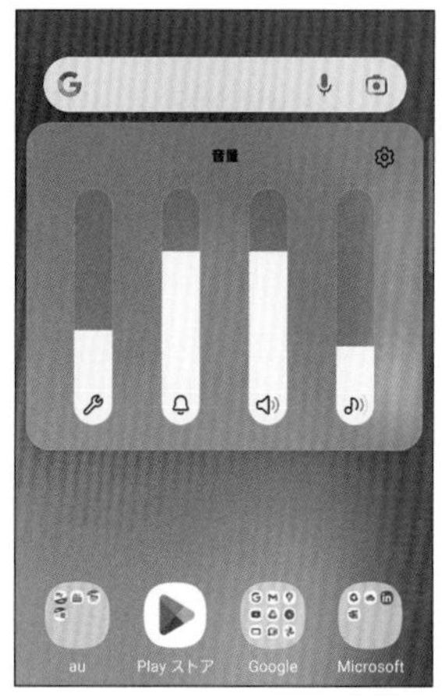

2

マナーモードを設定する

① ステータスバーを下方向にスライドします。

② 通知パネル上部のクイック設定ボタンにが表示され、着信などのときに音が鳴るサウンドモードになっています。をタップします。

③ 表示がに切り替わり、バイブモードになります。をタップします。

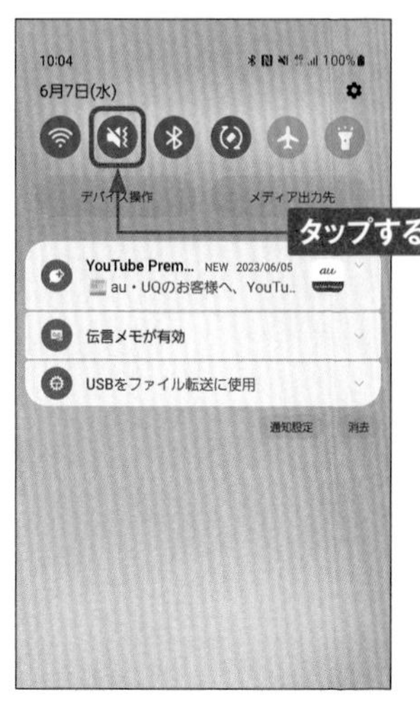

④ 表示がに切り替わり、サイレントモードになります。をタップすると、サウンドモードに戻ります。

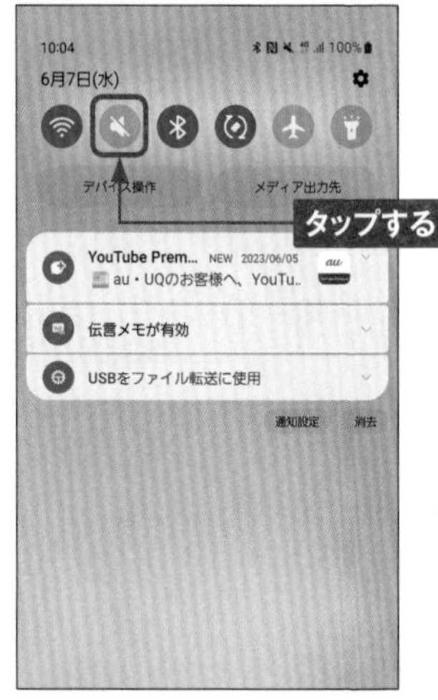

Chapter 3

メールやインターネットを利用する

Section 17

A54で使える メールの種類

A54では、契約している携帯電話会社のキャリアメールや+メッセージ（SMS含む）を利用できるほか、GmailおよびYahoo!メールやパソコンのメールも使えます。

キャリアメール

各携帯電話会社が提供するメールです。たとえば、auの場合なら「@au.com」のアドレスが使えます。

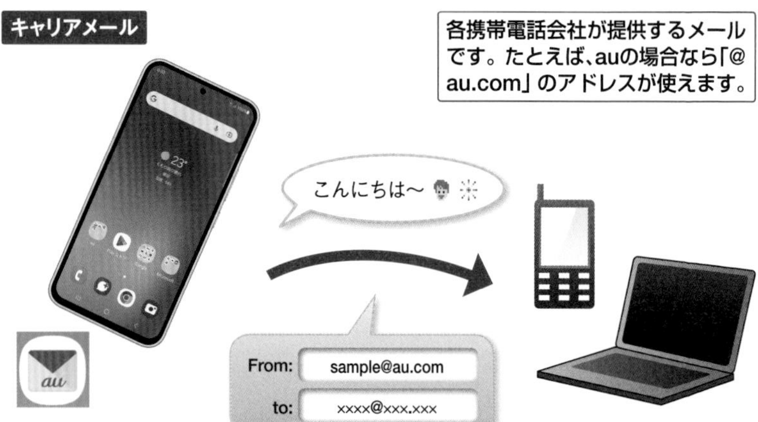

SMSと+メッセージ

相手の携帯電話番号宛にメッセージを送信します。従来のSMSとそれを拡張した+メッセージを利用できます。

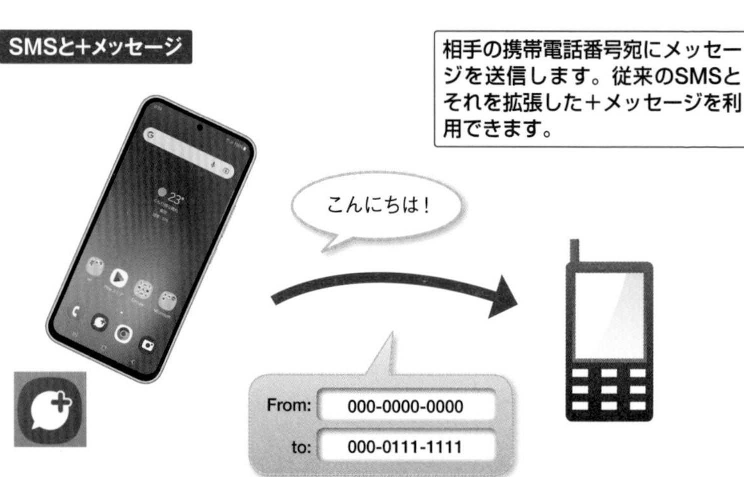

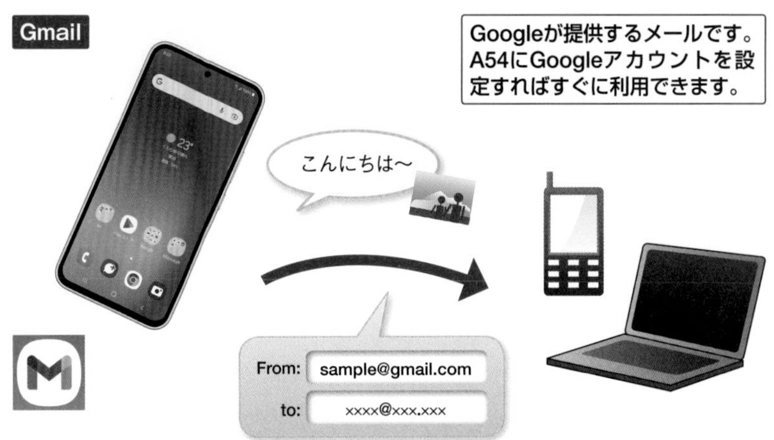

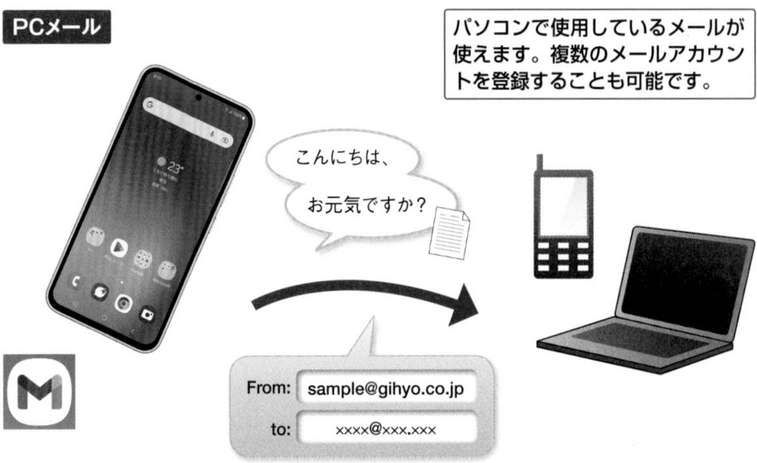

3

キャリアメールについて

キャリアメールとは携帯電話会社（通信事業者）が提供するメールのことです。ドコモ版では「ドコモメール」（@docomo.ne.jp）、au版では「auメール」（@au.com）が使えます。なお、UQ mobile版ではキャリアメール（@uqmobile.jp）は有料（月額220円）ですので気をつけましょう。

Application

Gmailを利用する

A54にGoogleアカウントを登録すると、すぐにGmailを利用できます。なお、画面が掲載しているものと異なる場合は、P.73を参考にアプリを更新してください。

受信したGmailを閲覧する

1 ホーム画面で［Google］→［Gmail］とタップします。

2 画面の指示に従って操作すると、「メイン」画面が表示されます（右のMEMO参照）。読みたいメールをタップします。

3 メールの差出人やメール受信日時、メール内容が表示されます。←をタップすると、「メイン」画面に戻ります。なお、↰をタップすると、表示中のメールに返信できます。

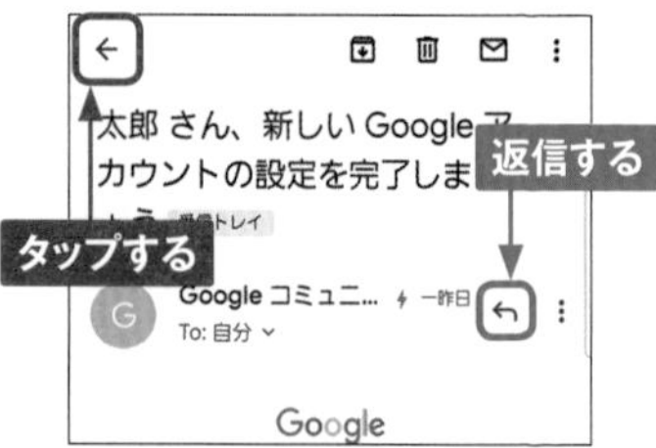

MEMO **Googleアカウントを同期する**

Gmailを使用する前に、あらかじめ自分のGoogleアカウントを設定しましょう（Sec.09参照）。Gmailを同期する設定にしておくと（標準で同期）、Gmailのメールが自動的に同期されます。すでにGmailを使用している場合は、内容がそのまま「Gmail」アプリで表示されます。

Gmailを送信する

1 「メイン」画面を表示して、[作成]をタップします。

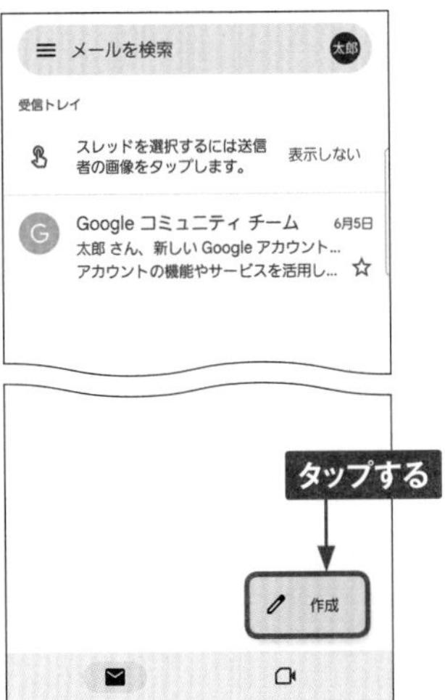

2 「作成」画面が表示されます。[To]をタップして宛先のアドレスを入力します。

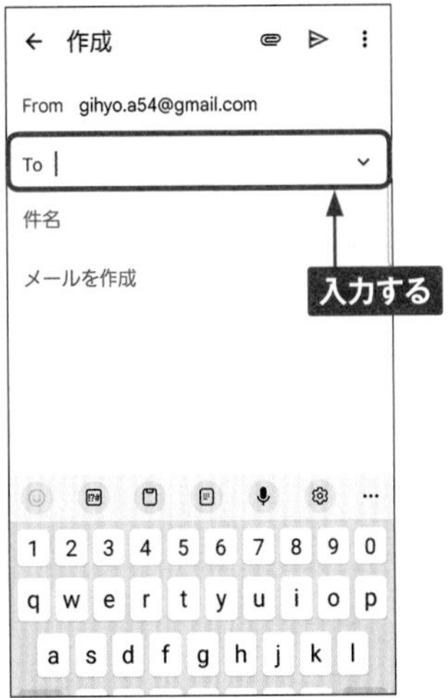

3 件名とメッセージを入力し、⊳をタップすると、メールが送信されます。

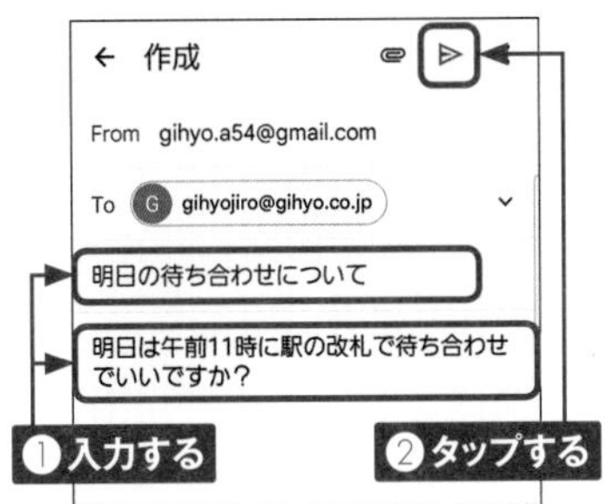

MEMO メニューを表示する

「メイン」画面を左端から右方向にスライドすると、メニューが表示されます。メニューでは、「メイン」以外のカテゴリやラベルを表示したり、送信済みメールを表示したりできます。なお、ラベルの作成や振り分け設定は、パソコンのWebブラウザで「http://mail.google.com/」にアクセスして操作します。

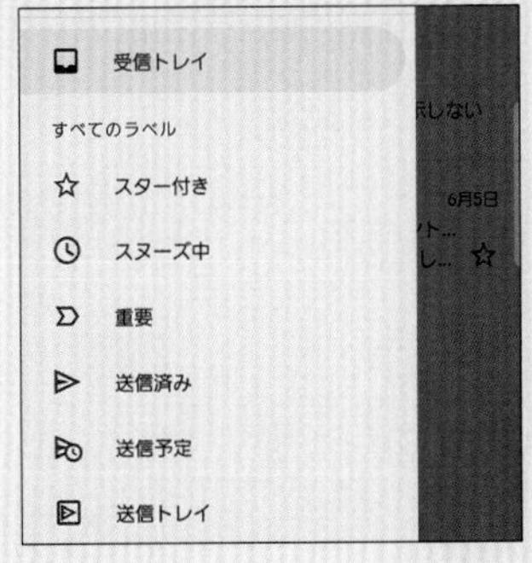

3

Section 19

Application

PCメールを設定する

「Gmail」アプリでは、パソコンで利用しているアカウントを登録して、メールを送受信できます。ここでは、PCメールのアカウントを登録する方法を紹介します。

PCメールを設定する

1 P.55手順①の画面を表示して、≡→［設定］→［アカウントを追加する］をタップします。

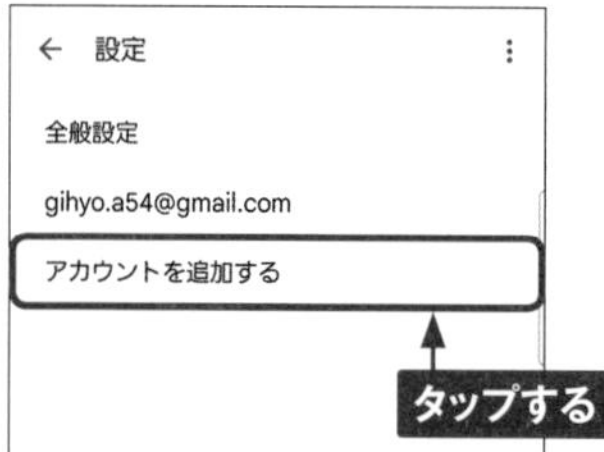

2 ［その他］をタップして、メールアドレスを入力し、［手動設定］をタップします。

3 アカウントの種類を選択します。ここでは［個人用(POP3)］をタップします。

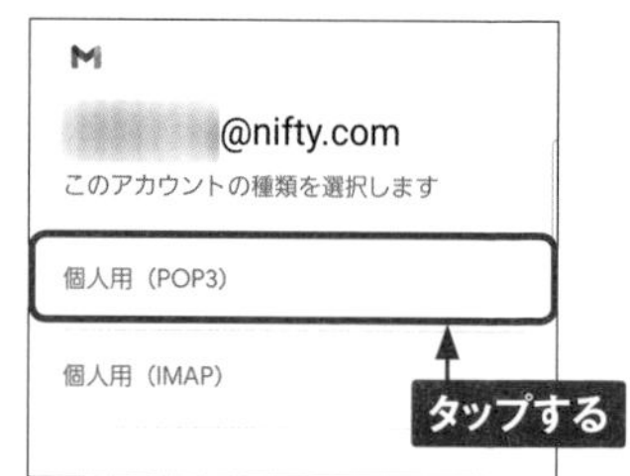

4 ログイン画面が表示されるので、パスワードを入力し、［次へ］をタップします。

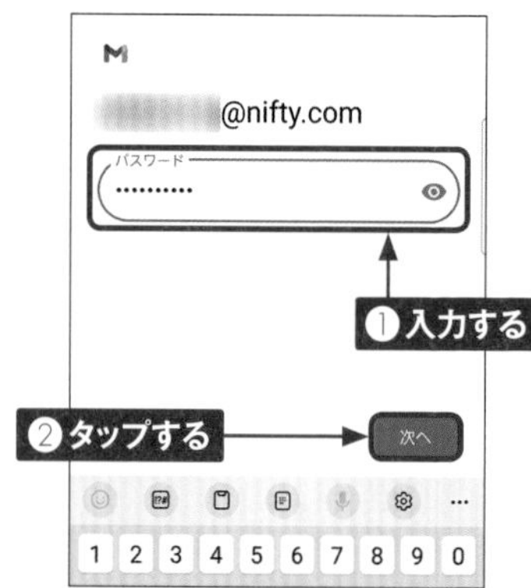

3

5 「受信サーバーの設定」と「送信サーバーの設定」画面が表示されます。「サーバー」の名称や「ポート」、「セキュリティの種類」などを設定し、［次へ］をタップします。

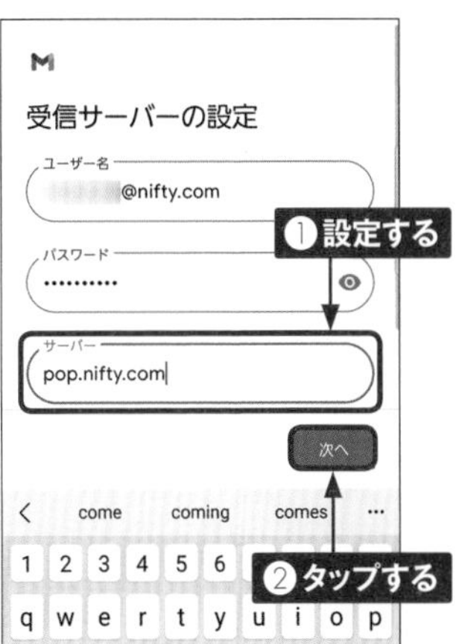

6 チェックを外したい項目があればタップし、［次へ］をタップします。

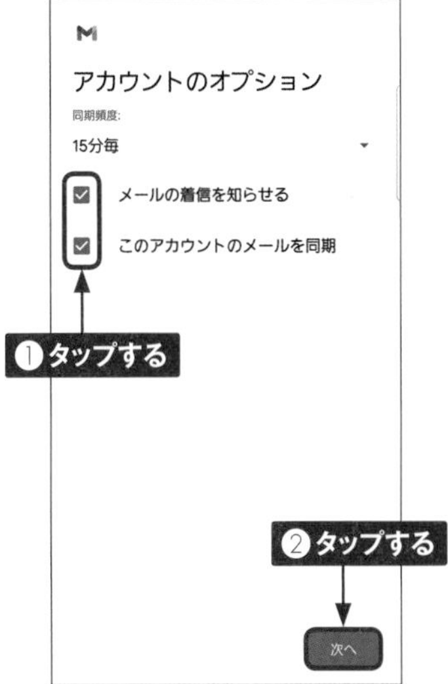

7 アカウントの設定が完了します。名前を入力し、［次へ］をタップすると、PCメールのアカウントが追加されます。

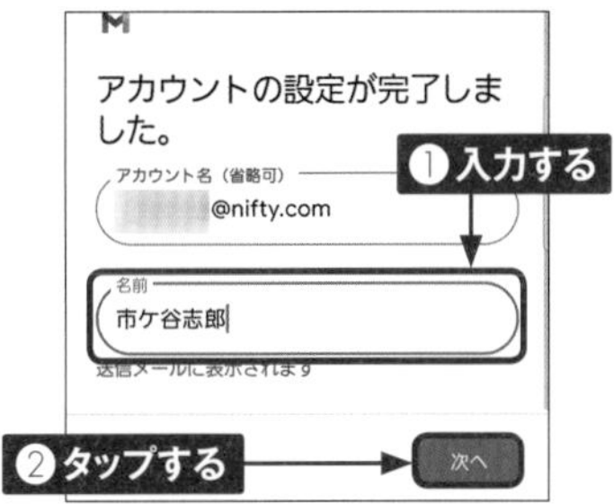

MEMO 利用できるメールアカウント

ここではPCメールの設定方法を説明しましたが、Yahoo!メールやOutlook、Hotmail、Office 365などのメールアカウントも同様に「Gmail」アプリに登録することができます。メールアカウントによって設定に必要な情報は異なります。なお、利用したいメールアカウントのサーバ設定については、提供元のホームページや契約書類などであらかじめ確認しておくようにしましょう。

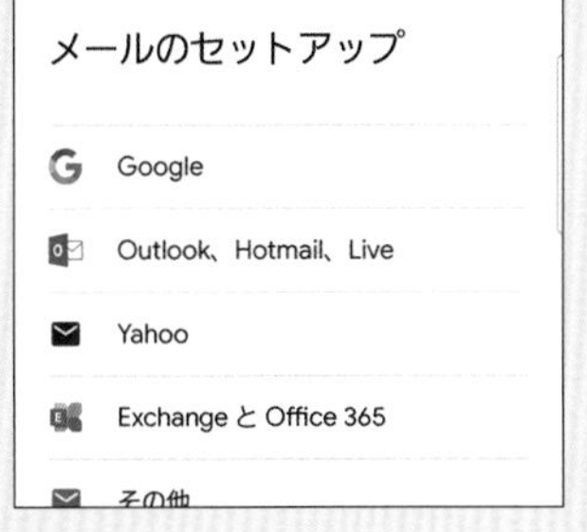

3

Section 20

+メッセージ(SMS)を利用する

「+メッセージ(SMS)」アプリでは、携帯電話番号を宛先にして、SMSでは文字のメッセージ、+メッセージでは写真やビデオなどもやり取りできます。

SMSと+メッセージ

A54では、「+メッセージ(SMS)」アプリからSMS(ショートメール/Cメール)と+メッセージを送受信することができます。SMSで送受信できるのは最大で全角70文字(他社宛)までのテキストですが、+メッセージでは文字が全角2730文字、そのほかに100MBまでの写真や動画、スタンプ、音声メッセージをやり取りでき、グループメッセージや現在地の送受信機能もあります。

3

また、SMSは送信に1回あたり3～6円かかりますが、+メッセージはパケットを使用するため、パケット定額のコースを契約していれば、特に料金は発生しません。

+メッセージは、相手も+メッセージを利用している場合のみ利用できます。SMSと+メッセージどちらが利用できるかは自動的に判別されますが、画面の表示からも判断することができます(下図参照)。

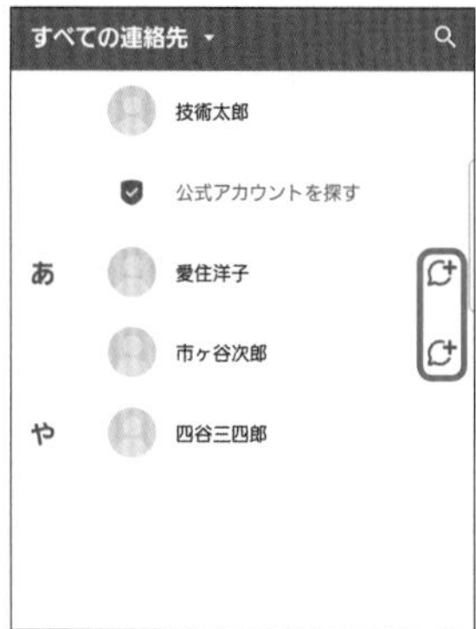

「+メッセージ(SMS)」アプリで表示される連絡先の相手画面。+メッセージを利用できる相手には、が表示されます。

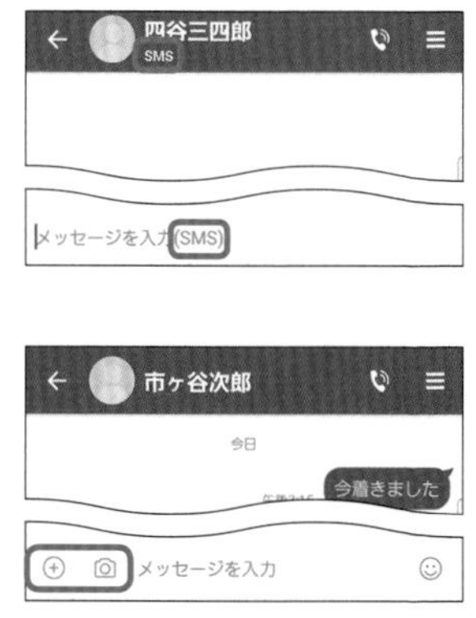

相手が+メッセージを利用していない場合、名前欄とメッセージ欄に「SMS」と表示されます(上図)。+メッセージが利用できる相手の場合は、アイコンが表示されます(下図)。

SMSを送信する

1 ホーム画面や「アプリ一覧」画面で、◯をタップします。初回は許可画面などが表示されるので、画面に従って操作します。

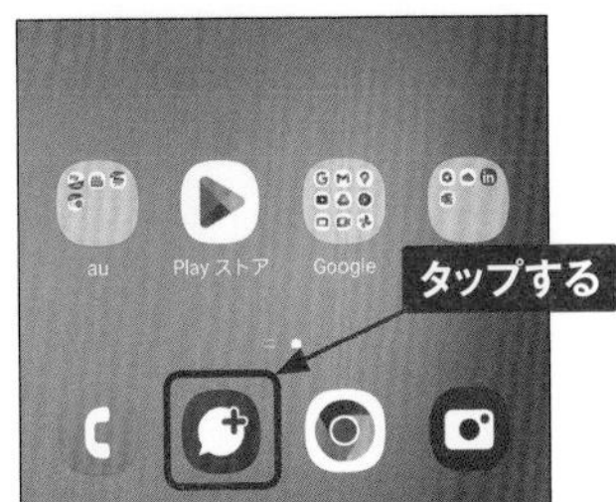

2 新規にメッセージを作成する場合は、[メッセージ]をタップして、●をタップします。

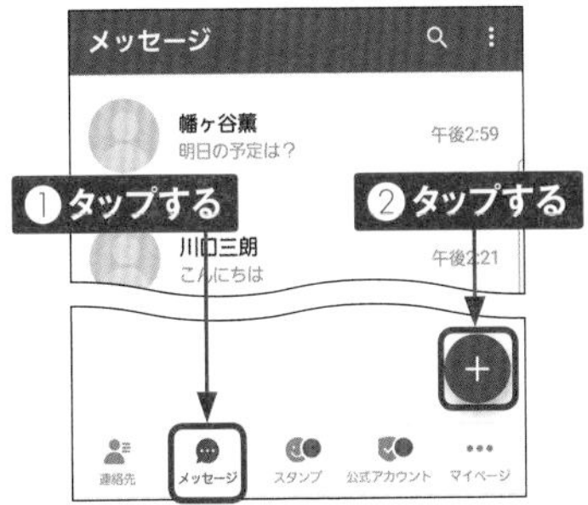

3 [新しいメッセージ]をタップします。[新しいグループメッセージ]は、+メッセージの機能です。

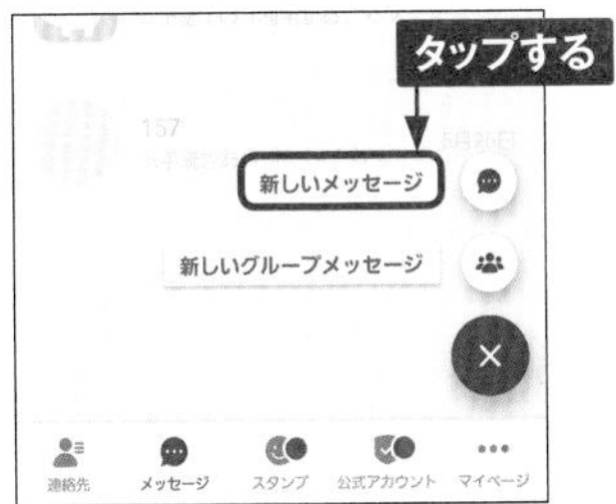

4 ここでは、番号を入力してSMSを送信します。[名前や電話番号を入力]をタップして、番号を入力します。連絡先に登録している相手の名前をタップすると、その相手にメッセージを送信できます。

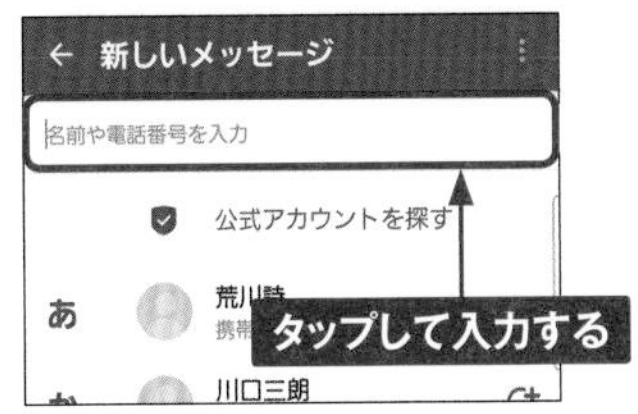

5 [メッセージを入力（SMS）]をタップして、メッセージを入力し、●をタップします。

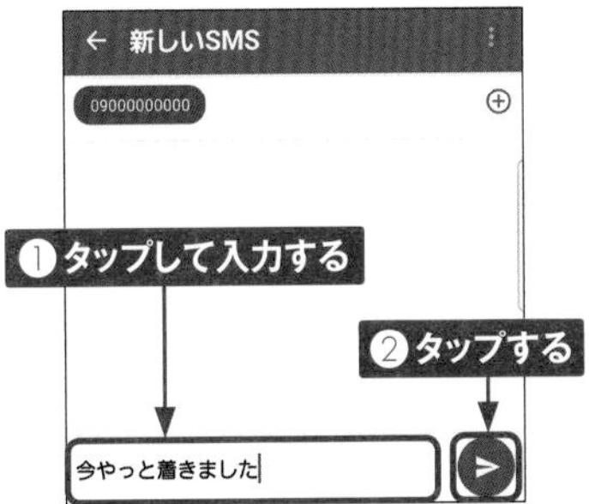

6 メッセージが送信され、送信したメッセージが画面の右側に表示されます。

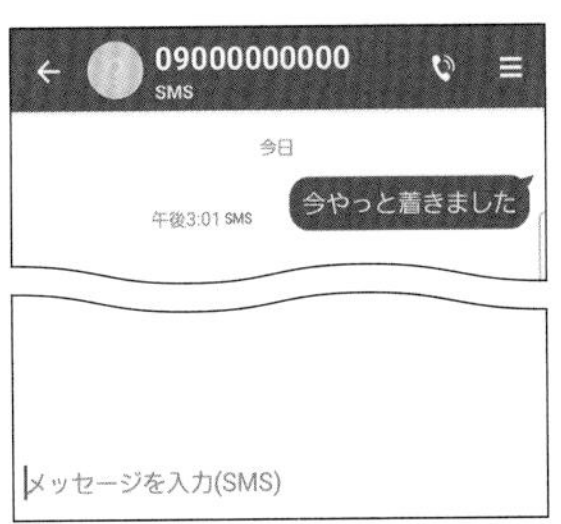

3

メッセージを受信・返信する

1 メッセージが届くと、ステータスバーに受信のお知らせが表示されます。ステータスバーを下方向にスライドします。

2 通知パネルに表示されているメッセージの通知をタップします。

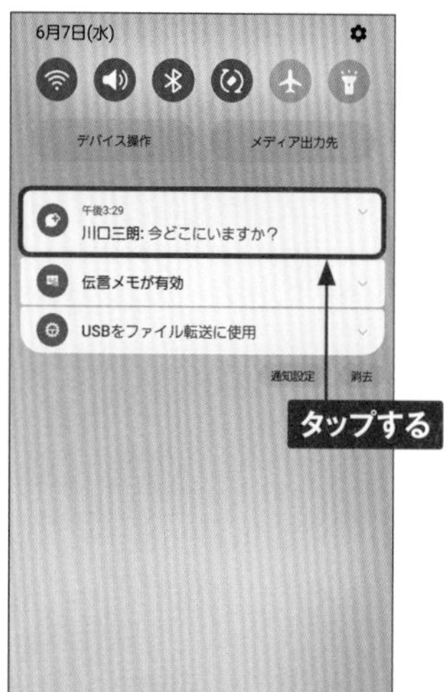

3 受信したメッセージが左側に表示されます。メッセージを入力して、➤をタップすると、相手に返信できます。

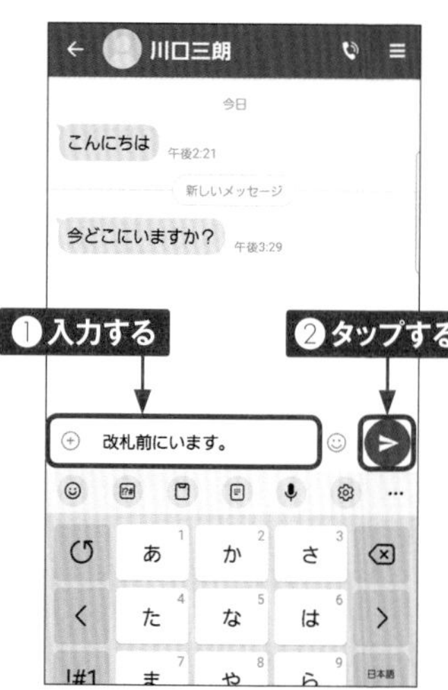

MEMO メッセージのやり取りはスレッドで表示される

SMSで相手とやり取りすると、やり取りした相手ごとにメッセージがまとまって表示されます。このまとまりを「スレッド」と呼びます。スレッドをタップすると、その相手とのやり取りがリストで表示され、返信も可能です。

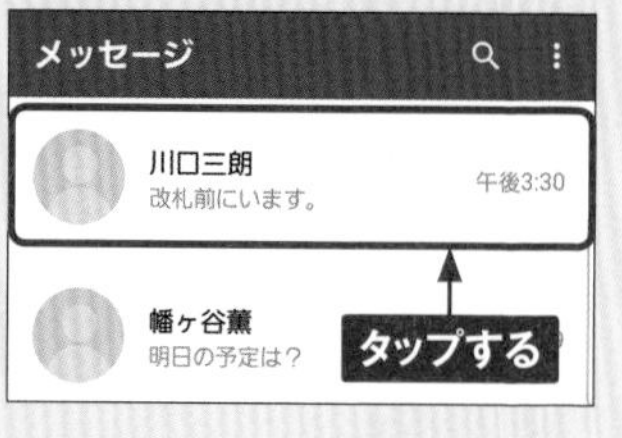

+メッセージで写真や動画を送る

1 ここでは連絡先リストから+メッセージを送信します。P.59手順②の画面で、[連絡先] をタップし、の付いた相手をタップします。

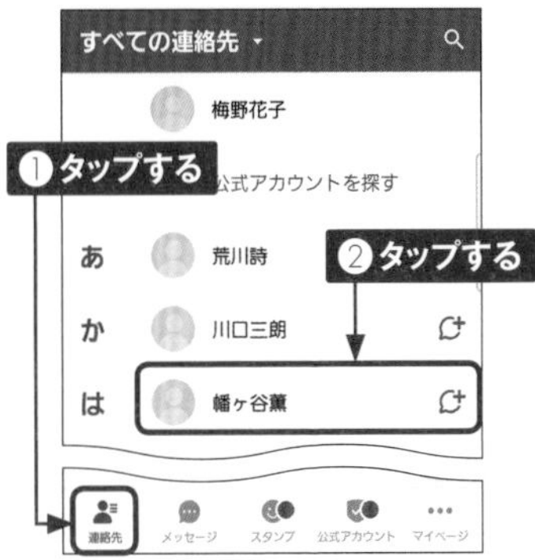

2 [メッセージ] をタップします。

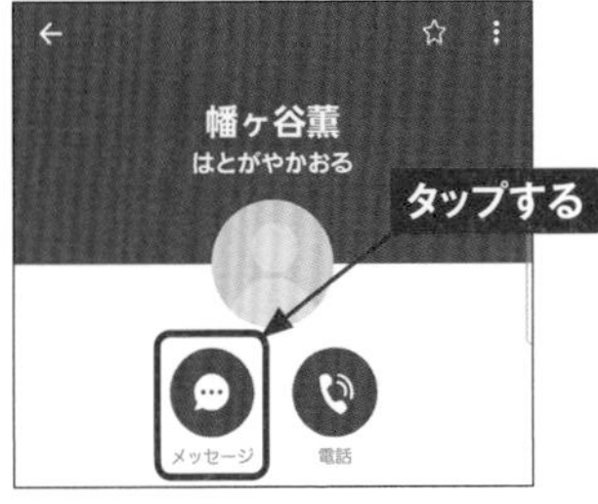

3 ⊕をタップします。なお、をタップすると、写真を撮影して送信、☺をタップすると、スタンプを送信できます。

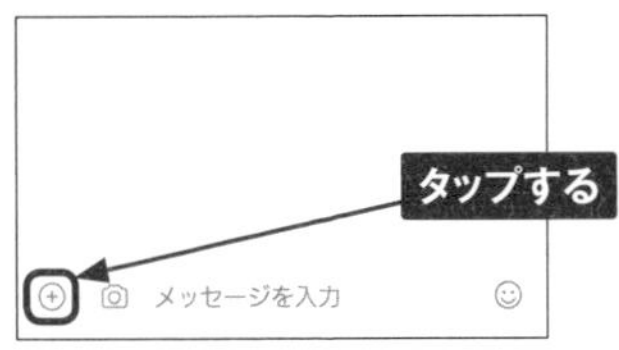

4 ここでは本体内の写真を送ります。をタップして、表示された本体内の写真をタップします。

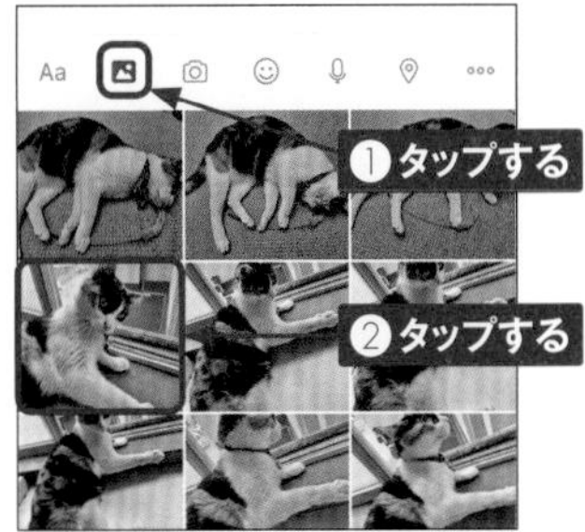

5 写真が表示されるので、をタップします。

6 写真が送信されます。なお、+メッセージの場合、メールのように文字や写真を一緒に送ることはできず、別々に送ることになります。

3

Section 21

Webページを閲覧する

A54には、インターネットの閲覧アプリとして「ブラウザ」と「Chrome」が標準搭載されています。ここでは、「Chrome」の使い方を紹介します。

Chromeを起動する

1 ホーム画面で◎をタップします。

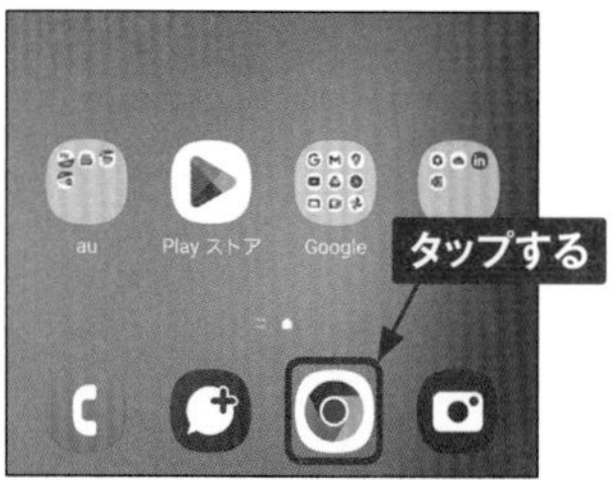

2 「Chrome」アプリが起動し、標準ではau WebポータルまたはUQライフ、dmenuのページが表示されます。画面上部には「アドレスバー」が配置されています。アドレスバーが見えないときは、画面を下方向にフリックすると表示されます。

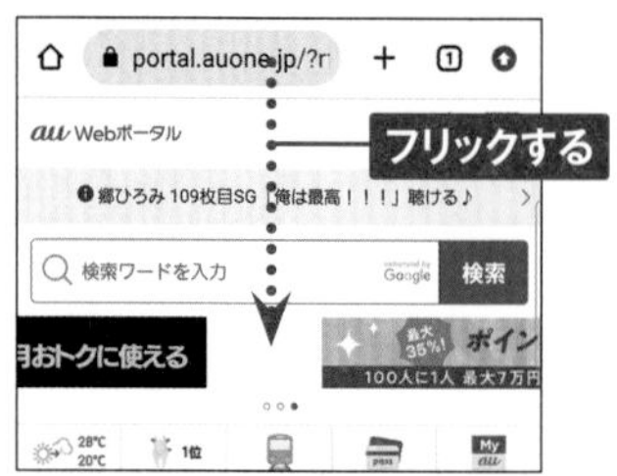

3 ［アドレスバー］をタップし、WebページのURLを入力して、［移動］をタップすると、入力したWebページが表示されます。

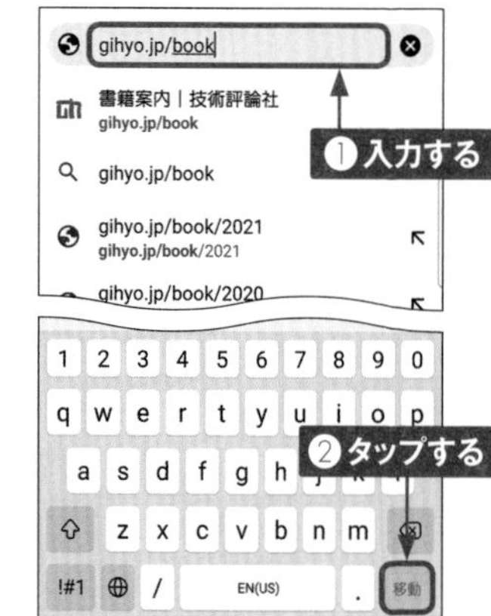

MEMO インターネットで検索をする

手順3でURLではなく、調べたい語句を入力して［移動］をタップするか、アドレスバーの下部に表示される検索候補をタップすると、検索結果が表示されます。

Webページを移動する

1 Webページの閲覧中に、リンク先のページに移動したい場合、ページ内のリンクをタップします。

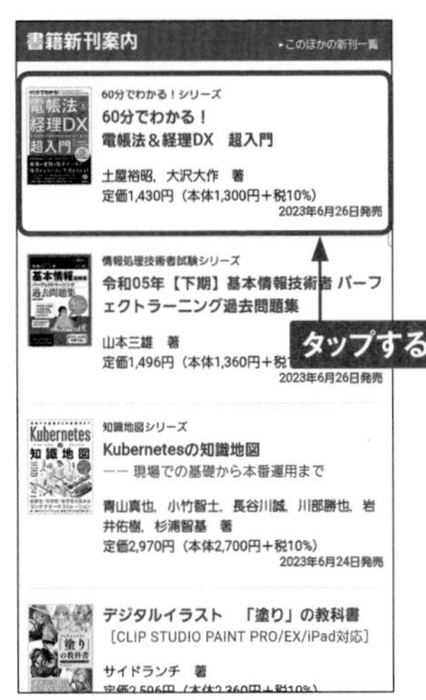

2 ページが移動します。＜をタップすると、タップした回数分だけページが戻ります。

3 画面右上の⋮（「Chrome」アプリの更新がある場合は⬆）をタップして、→をタップすると、前のページに進みます。

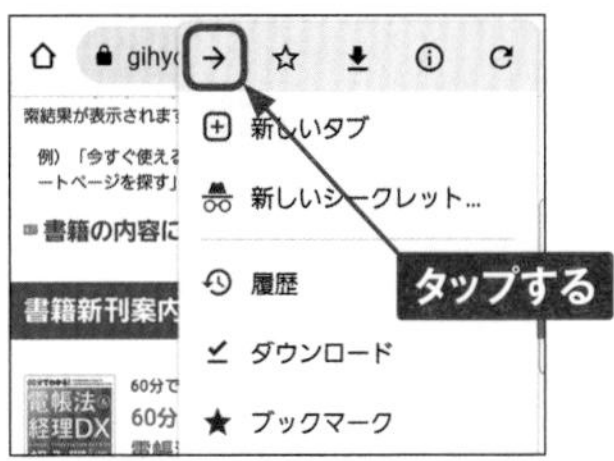

4 ⋮をタップして↻をタップすると、表示ページが更新されます。

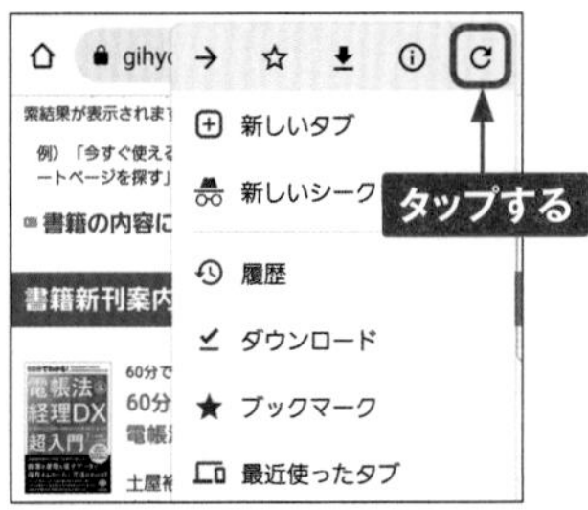

MEMO　PCサイトの表示

スマートフォンの表示に対応したWebページを「Chrome」アプリで表示すると、モバイル版のWebページが表示されます。パソコンで閲覧する際のPC版サイトをあえて表示させたい場合は、⋮をタップし、[PC版サイト] をタップします。もとに戻すには、再度、⋮をタップし、[PC版サイト] をタップします。

3

Section 22

ブックマークを利用する

Application

「Chrome」アプリでは、WebページのURLを「ブックマーク」に追加し、好きなときにすぐに表示することができます。よく閲覧するWebページはブックマークに追加しておくと便利です。

ブックマークを追加する

1 ブックマークに追加したいWebページを表示して、⋮をタップします。

2 ☆をタップします。

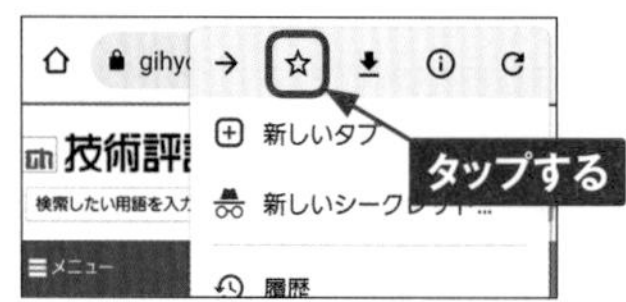

3 ブックマークが追加されます。追加直後に下部に表示される［編集］をタップします。

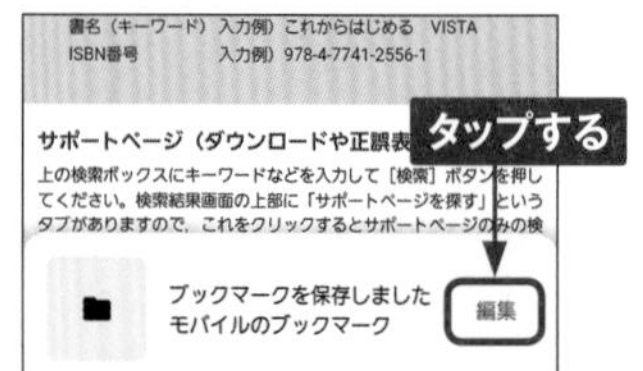

4 名前や保存先のフォルダなどを編集し、←をタップします。

MEMO **ホーム画面にショートカットを配置する**

手順②の画面で［ホーム画面に追加］をタップすると、表示しているWebページをホーム画面にショートカットとして配置できます。

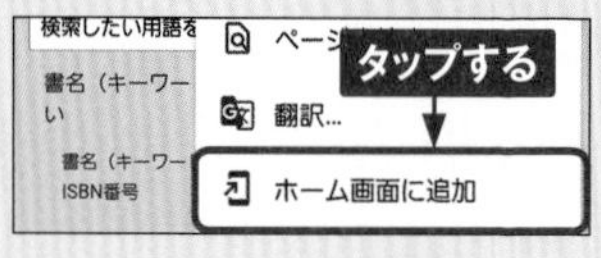

ブックマークからWebページを表示する

1 「Chrome」アプリを起動し、「アドレスバー」を表示して（P.62参照）、⋮をタップします。

2 ［ブックマーク］をタップします。

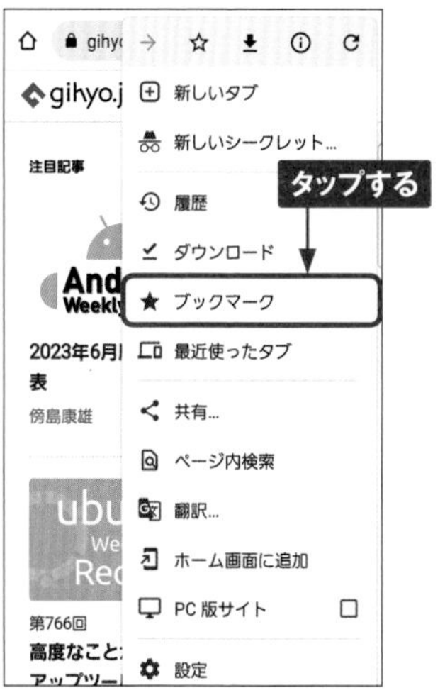

3 「ブックマーク」画面が表示されるので、［モバイルのブックマーク］をタップして、閲覧したいブックマークをタップします。

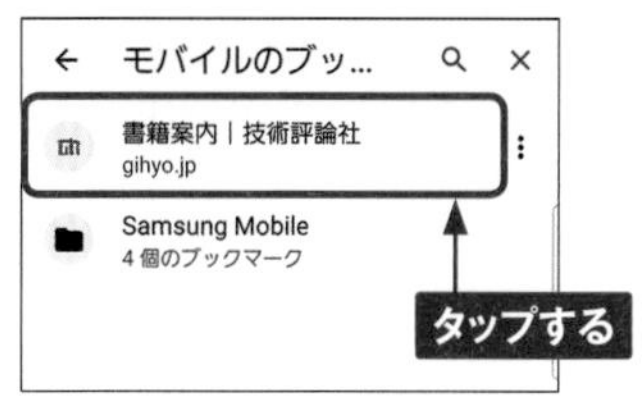

4 ブックマークに追加したWebページが表示されます。

MEMO ブックマークを削除する

手順③の画面で削除したいブックマークの⋮をタップし、［削除］をタップすると、ブックマークを削除できます。

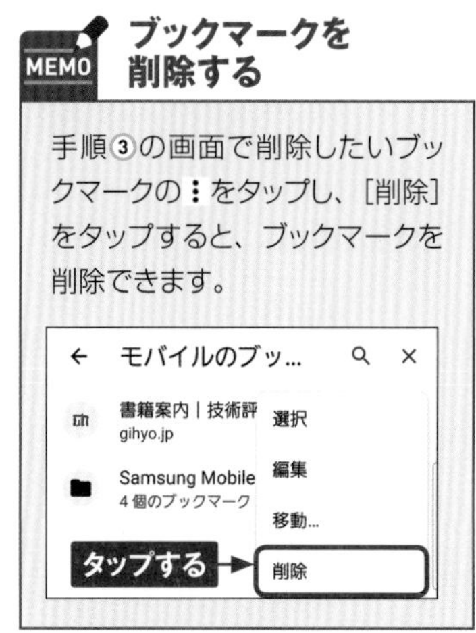

3

Section 23

複数のWebページを同時に開く

「Chrome」アプリでは、複数のWebページをタブを切り替えて同時に開くことができます。また、複数のタブをまとめて管理できるグループ機能もあります。

新しいタブを開く

1 ⋮をタップし、［新しいタブ］をタップします。

2 新しいタブが開きます。

3 タブ切り替えアイコンをタップします。

4 タブの一覧が表示されるので、表示したいタブをタップします。×をタップすると、タブを閉じることができます。

新しいタブをグループで開く

1 ページ内にあるリンクを新しいタブで開きたい場合は、そのリンクをロングタッチします。

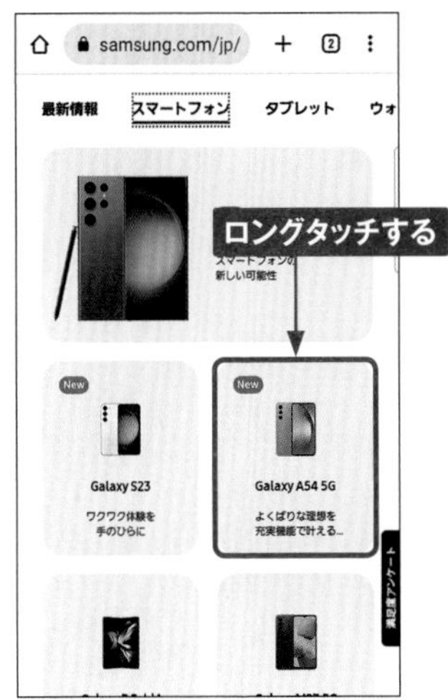

2 ［新しいタブをグループで開く］をタップします。

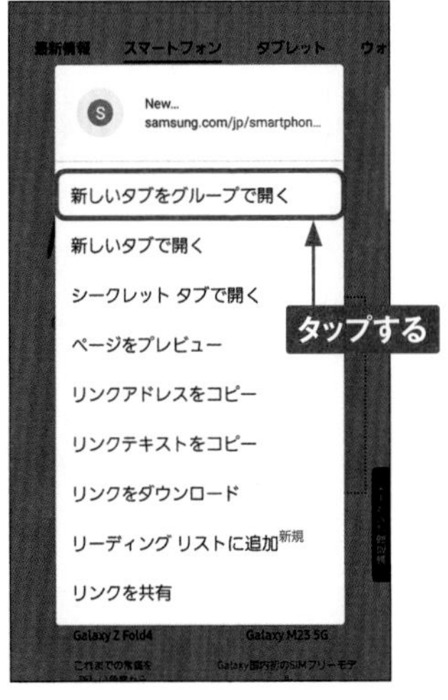

3 リンク先のページが新しいグループで開きます。画面下部のアイコンをタップすると、グループを切り替えることができます。✖をタップすると、開いているグループを閉じることができます。

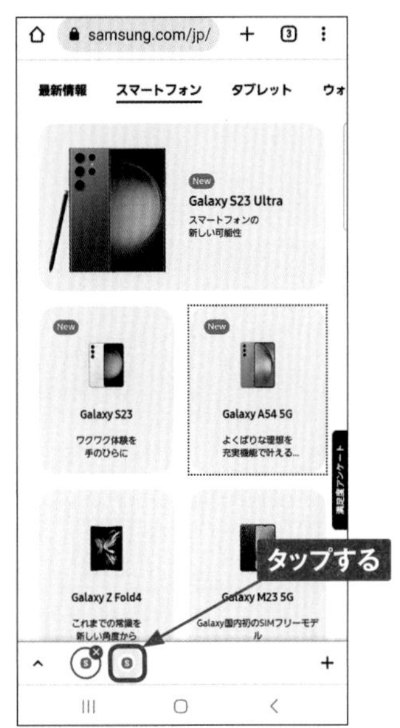

グループとは

「Chrome」アプリでは、複数のタブを1つにグループ化して管理できます。ニュースサイトごと、SNSごとというように、タブをまとめるなど、便利に使える機能です。また、Webサイトによっては、リンクをタップするとリンク先のページが自動的にグループで開くこともあります。

開いているタブをグループにまとめる

1 複数のタブを開いている状態で、タブ切り替えアイコンをタップします。

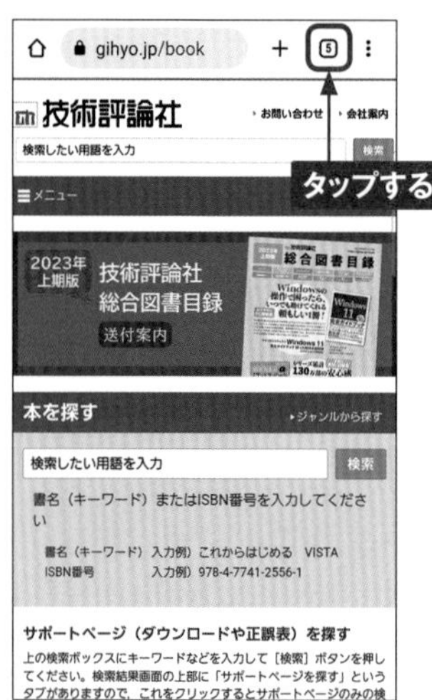

2 開いているタブとグループが表示されます。タブをロングタッチして、ほかのタブやグループの上にドラッグすると、グループにまとめることができます。

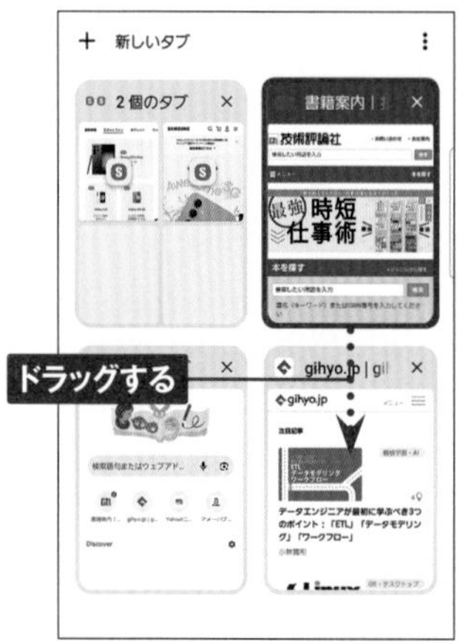

3 グループをタップします。

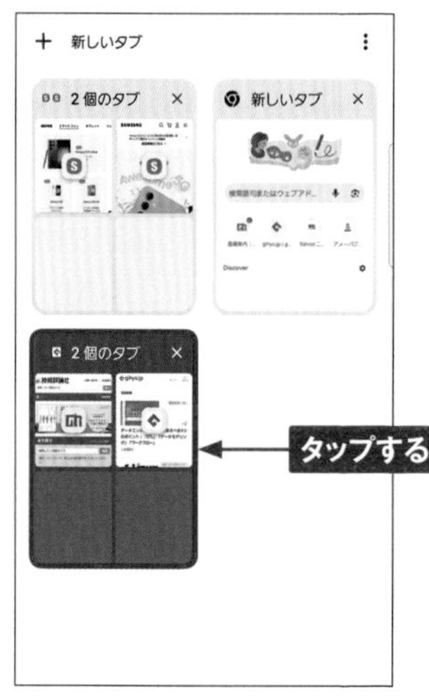

4 グループが大きく表示されます。タブをタップすると、ページが表示されます。

Chapter 4

Googleのサービスを利用する

Section 24

Google Playで アプリを検索する

A54は、Google Playに公開されているアプリをインストールすることで、さまざまな機能を利用できます。まずは、目的のアプリを探す方法を解説します。

アプリを検索する

① Google Playを利用するには、ホーム画面で［Playストア］をタップします。

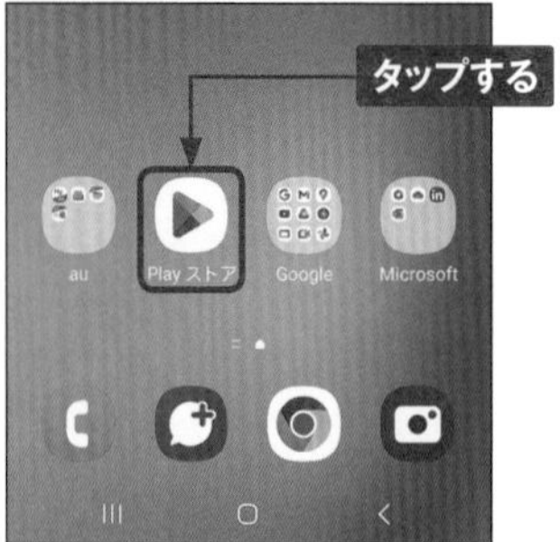

② 「Playストア」アプリが起動して、Google Playのトップページが表示されます。［アプリ］→画面上部の［カテゴリ］をタップします。

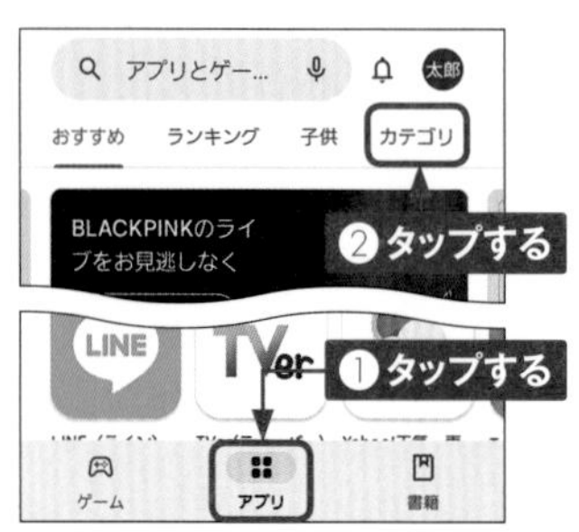

③ 「アプリ」の「カテゴリ」画面が表示されます。上下にスワイプして、ジャンルを探します。

④ 見たいジャンル（ここでは［カスタマイズ］）をタップします。

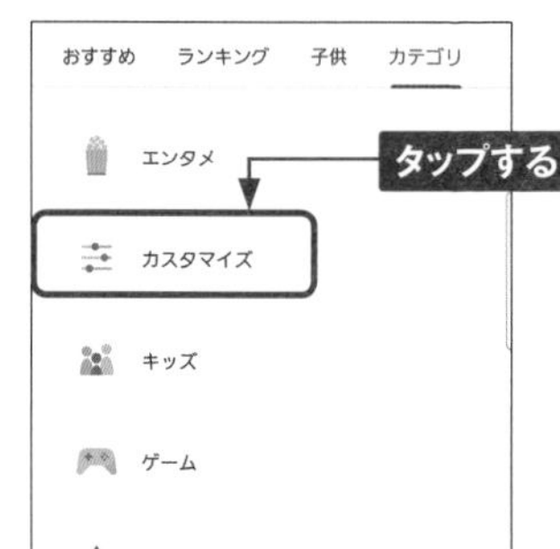

4

5 画面を上方向にスライドし、「人気のカスタマイズアプリ（無料）」の右の→をタップします。

6 詳細を確認したいアプリをタップします。

7 アプリの詳細な情報が表示されます。人気のアプリでは、ユーザーレビューも読めます。

MEMO キーワードで検索する

Google Playでは、キーワードからアプリを検索できます。検索機能を利用するには、画面上部にある検索ボックスをタップし、検索欄にキーワードを入力して、🔍をタップします。

Section 25

アプリをインストールする／アンインストールする

Google Playで目的の無料アプリを見つけたら、インストールしてみましょう。なお、不要になったアプリは、Google Playからアンインストール（削除）できます。

アプリをインストールする

① Google Playでアプリの詳細画面を表示し（Sec.24参照）、［インストール］をタップします。

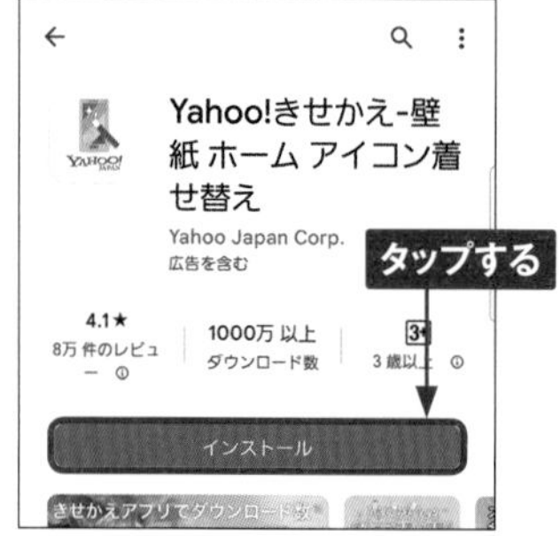

② アプリのダウンロードとインストールが開始されます。

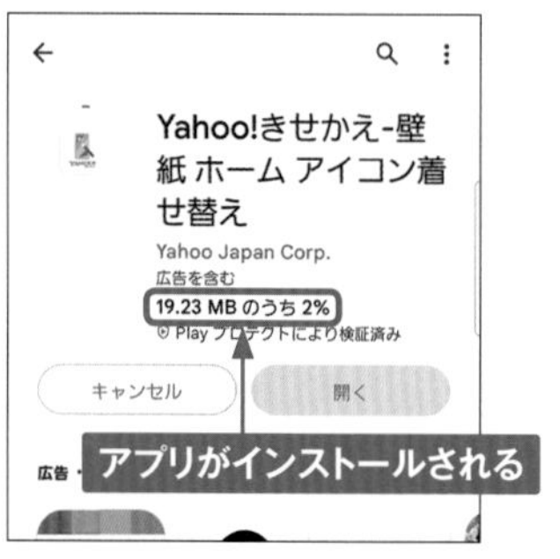

③ アプリを起動するには、インストール完了後、［開く］（または［プレイ］）をタップするか、「アプリ一覧」画面に追加されたアイコンをタップします。

MEMO 「アカウント設定の完了」が表示されたら

手順①で［インストール］をタップしたあとに、「アカウント設定の完了」画面が表示される場合があります。その場合は、［次へ］→［スキップ］をタップすると、アプリのインストールを続けることができます。

アプリを更新する／アンインストールする

●アプリを更新する

① P.70手順②の画面で、右上のユーザーアイコンをタップし、表示されるメニューの［アプリとデバイスの管理］をタップします。

② 更新可能なアプリがある場合、「アップデート利用可能」と表示されます。ドコモ版では更新可能なアプリ名が一覧表示されます。［すべて更新］をタップすると、一括で更新されます。

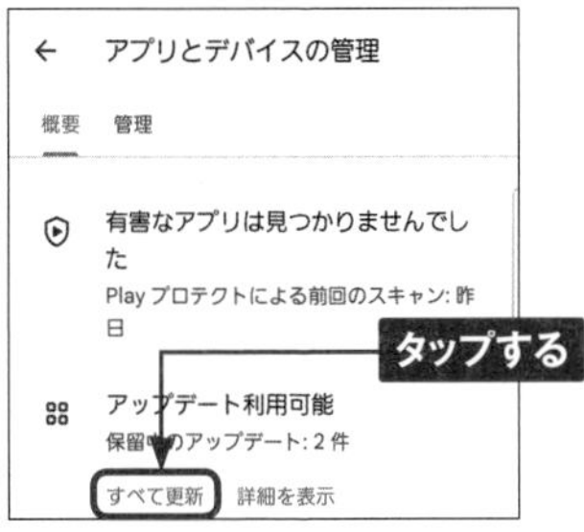

●アプリをアンインストールする

① 左側手順②の画面で［管理］をタップして、「インストール済み」を表示し、アンインストールしたいアプリ名をタップします。

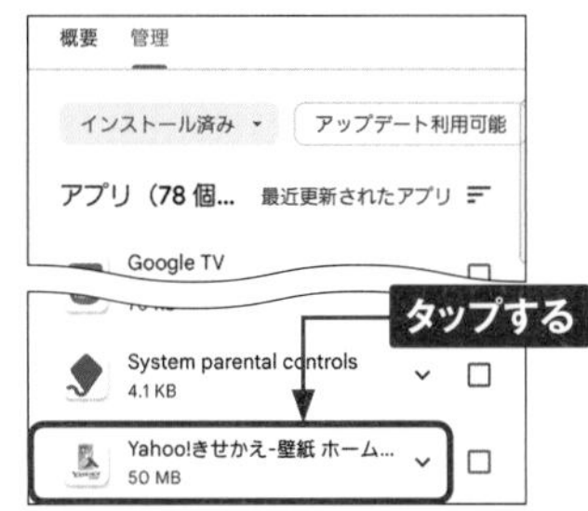

② アプリの詳細が表示されます。［アンインストール］をタップし、［アンインストール］をタップするとアンインストールされます。

アプリの自動更新を停止する

初期設定では、Wi-Fi接続時にアプリが自動更新されるようになっています。自動更新しないように設定するには、上記左側の手順①の画面で［設定］→［ネットワーク設定］→［アプリの自動更新］の順にタップし、［アプリを自動更新しない］→［OK］の順にタップします。

Section 26

Application

有料アプリを購入する

Google Playで有料アプリを購入する場合、キャリアの決済サービスやクレジットカードなどの支払い方法を選べます。ここではクレジットカードを登録する方法を解説します。

クレジットカードで有料アプリを購入する

① 有料アプリの詳細画面を表示し、アプリの価格が表示されたボタンをタップします。

② 支払い方法の選択画面が表示されます。ここでは［カードを追加］をタップします。

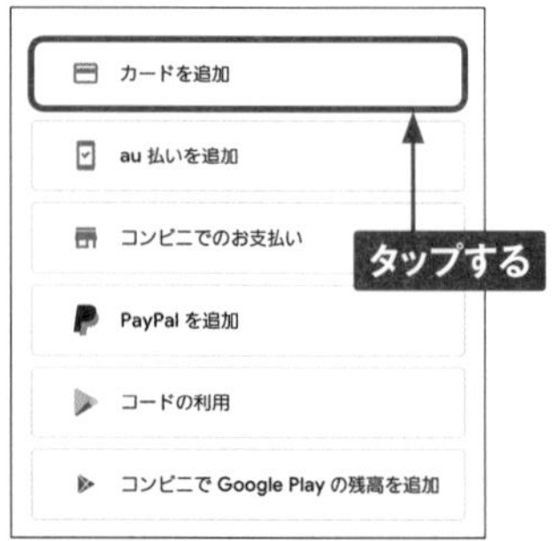

③ カード番号や有効期限などを入力します。

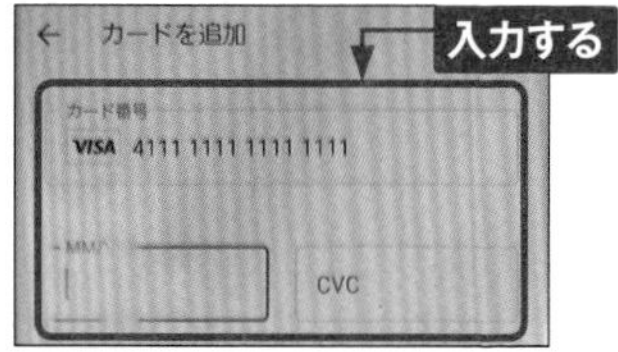

MEMO Google Play ギフトカード

コンビニなどで販売されている「Google Playギフトカード」を利用すると、プリペイド方式でアプリを購入できます。クレジットカードを登録したくないときに使うと便利です。利用するには、手順②で［コードの利用］をタップするか、事前にP.73左側の手順①の画面で［お支払いと定期購入］→［お支払い方法］→［コードの利用］の順にタップし、カードに記載されているコードを入力して［コードを利用］をタップします。

4

4 名前などを入力し、[保存] をタップします。

5 [1クリックで購入]をタップします。

6 認証についての画面が表示されたら、[常に要求する] もしくは [要求しない] をタップします。[OK] → [OK] の順にタップすると、アプリのダウンロード、インストールが始まります。

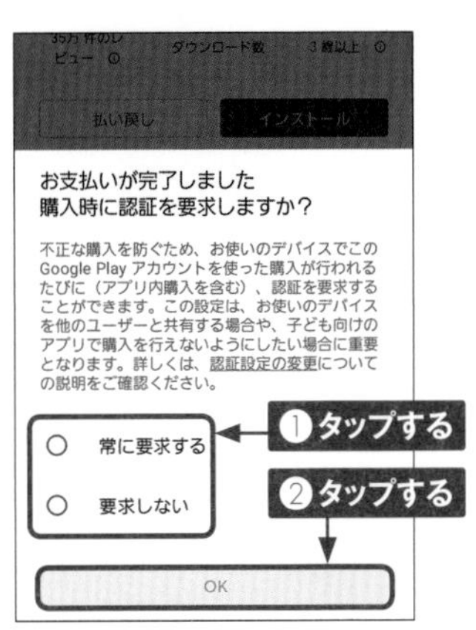

MEMO 購入したアプリを払い戻す

有料アプリは、購入してから2時間以内であれば、Google Play から返品して全額払い戻しを受けることができます。P.73右側の手順を参考に購入したアプリの詳細画面を表示し、[払い戻し] をタップして、次の画面で [はい] をタップします。なお、払い戻しできるのは、1つのアプリにつき1回だけです。

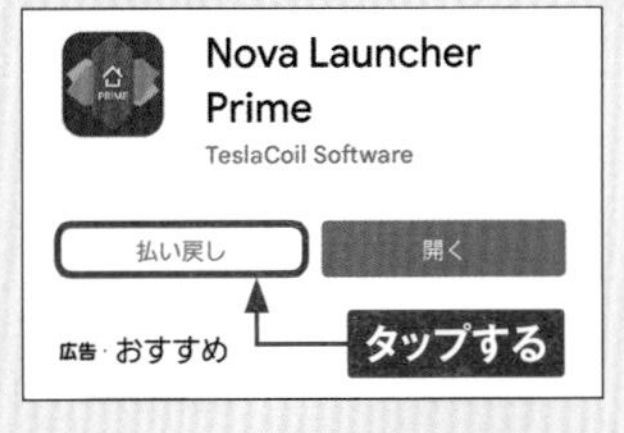

4

Section 27

Googleアシスタントを利用する

A54では、Googleの音声アシスタントサービス「Googleアシスタント」を利用できます。ホームボタンをロングタッチするだけで起動でき、音声でさまざまな操作をすることができます。

Googleアシスタントの利用を開始する

1 ▢をロングタッチします。

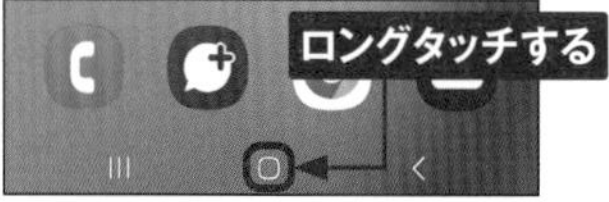

2 Googleアシスタントの開始画面が表示されます。[使ってみる]をタップします。

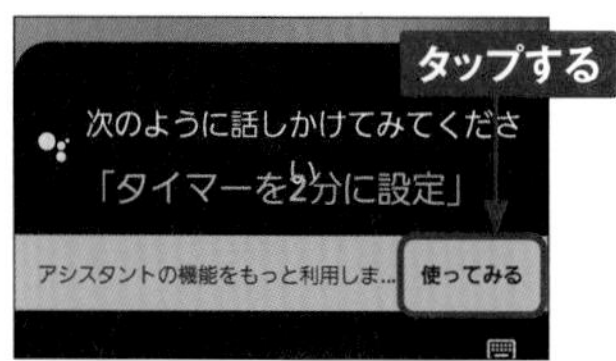

3 [有効にする] をタップし、画面の指示に従って進めます。

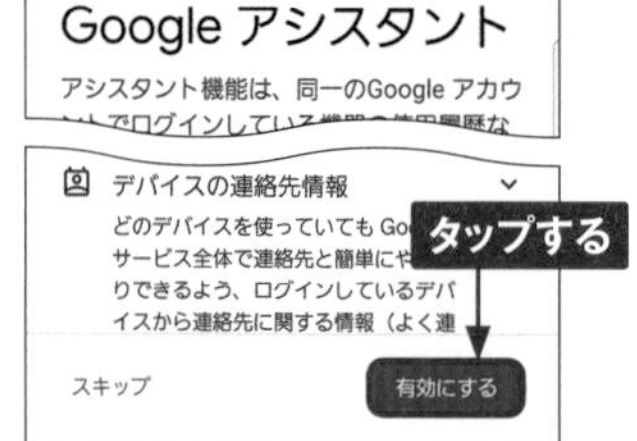

4 Googleアシスタントが利用できるようになります (P.77参照)。

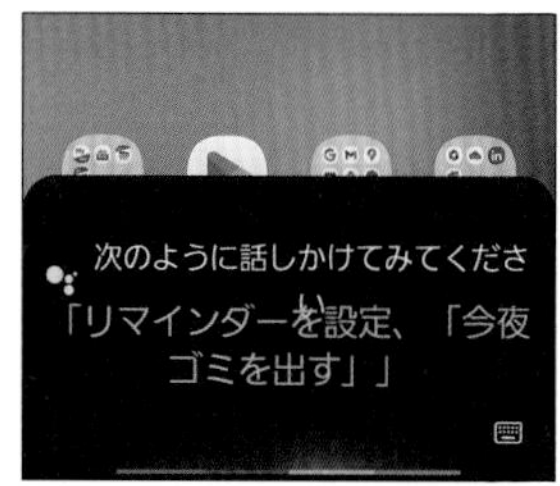

MEMO 音声で起動する

「OK Google」(オーケーグーグル) と発声して、Googleアシスタントを起動することができます。ホーム画面で [Google] → [Google] とタップし、右上のユーザーアイコン→ [設定] の順にタップします。[音声] をタップし、[Voice Match] をタップし、[Hey Google] をタップして、画面の指示に従って有効にします。

4

Googleアシスタントへの問いかけ例

Googleアシスタントを利用すると、語句の検索だけでなく予定やリマインダーの設定、電話やメールの発信など、さまざまなことが、A54に話しかけるだけでできます。まずは、「何ができる?」と聞いてみましょう。

タップして話しかける

●調べ物

「東京タワーの高さは?」
「ビヨンセの身長は?」

●スポーツ

「ガンバ大阪の試合はいつ?」
「セリーグの順位は?」

●経路案内

「最寄りのスーパーまでナビして」

●楽しいこと

「牛の鳴き声を教えて」
「コインを投げて」

Googleアシスタントから利用できないアプリ

たとえば、Googleアシスタントで「○○さんにメールして」と話しかけると、「Gmail」アプリ(Sec.18参照)が起動し、「auメール」や「ドコモメール」アプリは起動しません。このように、GoogleアシスタントではGoogleのアプリが優先され、一部のアプリはGoogleアシスタントからは直接利用できません。

Section 28

Googleレンズを利用する

カメラを通して映し出されたものや、本体内の写真の情報を教えてくれる「Googleレンズ」アプリが利用できます。被写体の情報を調べたり、文字の翻訳をすることができます。

Googleレンズを利用する

① ホーム画面のGoogle検索ウィジェットの をタップします。

② 「Googleレンズ」アプリが起動します。本体内の写真の情報を調べるには、［写真へのアクセスを許可］をタップします。

③ 次の画面で［許可］をタップします。

④ 本体内の写真が表示されるので、情報を調べたい写真をタップします。また、この画面で をタップすると、カメラに写した被写体の情報を調べることができます。

4

⑤ 標準では「検索」が選択されています。画面下部を上方向にフリックします。

⑥ 画像検索の結果が表示されます。画面上部から下方向にフリックします。

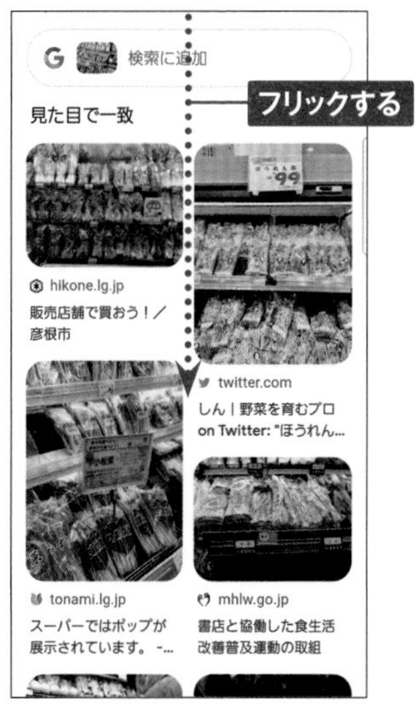

⑦ 手順⑤の画面に戻ります。[文字認識]をタップして、[すべて選択]をタップします。

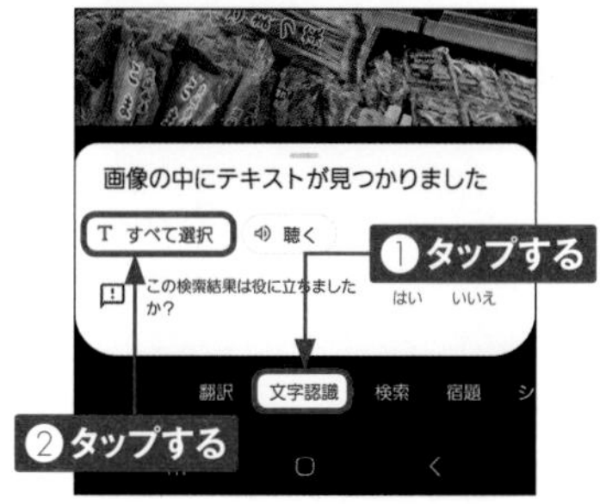

⑧ 写真内で認識された文字がテキストとして表示され、コピーしたり、読み上げたりすることができます。

MEMO

Googleレンズでできること

「検索」や「文字認識」以外に、被写体の文字を翻訳できる「翻訳」、宿題の問題の答えを表示する「宿題」、オンラインショップで被写体を購入できるところを探す「ショッピング」、建物の情報を調べる「場所」、食べ物の情報やレシピを調べる「食事」があります。

4

Section 29

関心の高いニュースをチェックする

Application

インターネットやアプリ内での検索行動に基づいて、関連性の高いコンテンツを表示する「Google Discover」を利用することができます。

Google Discoverを表示する

1 ホーム画面を何度か右方向にスワイプします。ドコモ版では、ホーム画面で、[Google]→[Google]とタップします。

2 「Google Discover」が表示され、コンテンツが表示されます。上方向にスワイプして他の記事の表示、最上部で下方向にスワイプすると更新ができます。内容を見たいコンテンツをタップします。

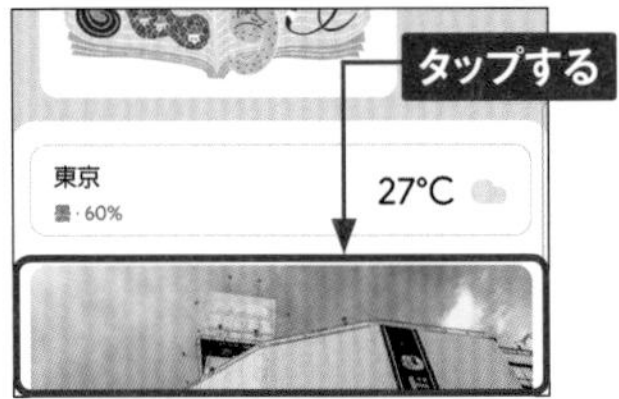

3 内容が表示されます。

MEMO ホーム画面でGoogle Discoverを表示しないようにする

One UIホームで、ホーム画面を右方向にスワイプしても、「Google Discover」を表示しないようにするには、ホーム画面をロングタッチして表示される画面（P.161参照）で、右方向にスワイプして一番左の画面を表示し、[ON] をタップして [OFF] にします。

4

Google Discoverの設定を変更する

① 「Google Discover」を表示し、右上のユーザーアイコンをタップします。

② ［設定］をタップします。

③ ［カスタマイズ］をタップします。

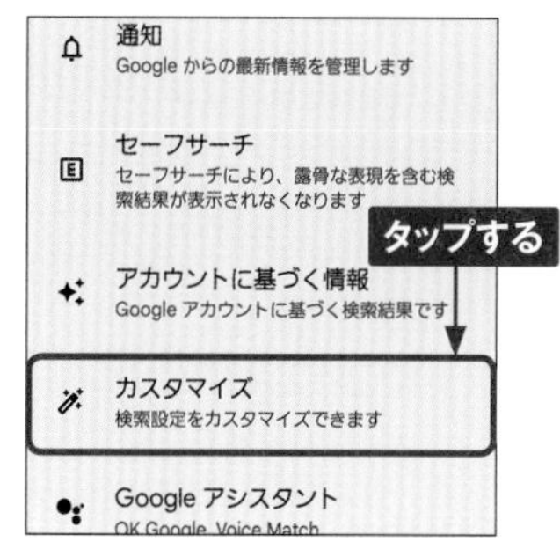

④ ［興味/関心の管理］をタップします。［興味、関心］または［興味なし］をタップすると、トピックの表示／非表示を設定することができます。

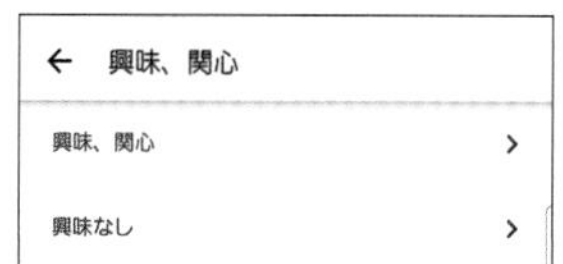

MEMO 表示するコンテンツの設定を変更する

手順③の画面で［アカウントに基づく情報］をタップすると、アカウントに基づく情報の表示／非表示を切り替えることができます（標準は表示）。また、「言語と地域」は通常現在地（日本）に設定されていますが、他の国に変更することもできます。これらの設定で、表示されるコンテンツが変わってきます。

Section 30

YouTubeで世界中の動画を楽しむ

世界最大の動画共有サイトであるYouTubeの動画を、A54でも視聴することができます。高画質の動画を再生可能で、一時停止や再生位置の変更もできます。

YouTubeの動画を検索して視聴する

① ホーム画面で［Google］→［YouTube］とタップします。

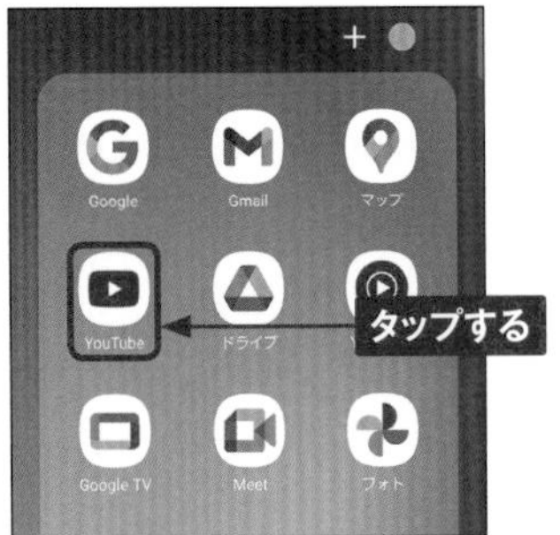

② YouTubeのトップページが表示されます。

③ 画面右上の🔍をタップします。

④ 入力欄に検索したいキーワードを入力して、🔍をタップします。

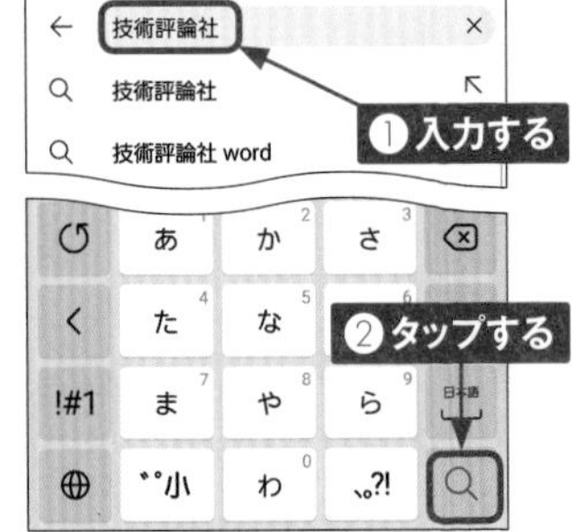

5 検索結果一覧の中から、視聴したい動画をタップします。

6 タップした動画が再生されます。

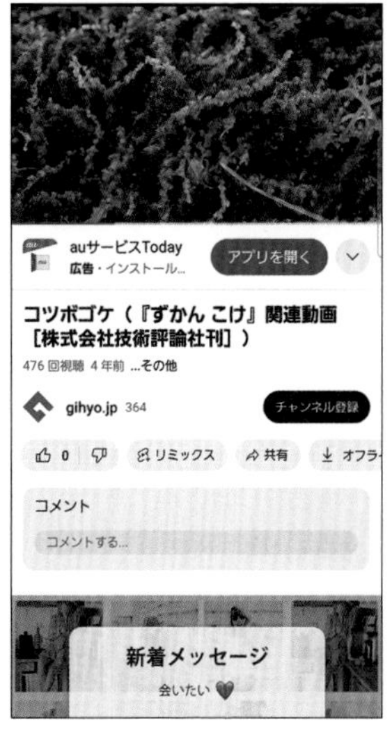

7 再生画面をタップすると、再生コントロールが表示されます。■をタップすると、フルスクリーン表示になり、■をタップすると、再生が一時停止されます。■をタップします。

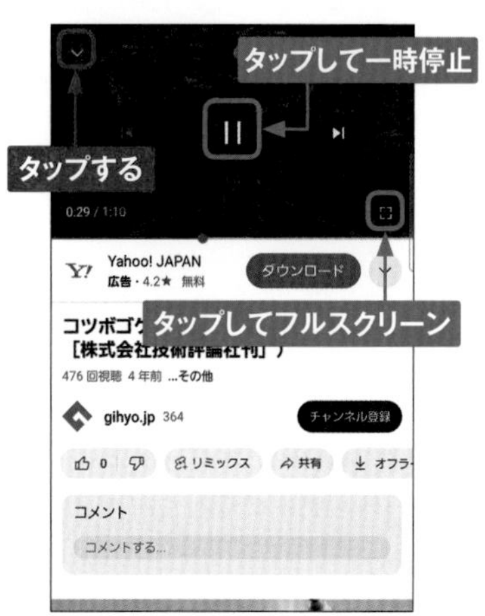

8 検索結果に戻ります。直前まで表示していた動画が下に表示されます。終了する場合は、動画を下方向にスワイプします。

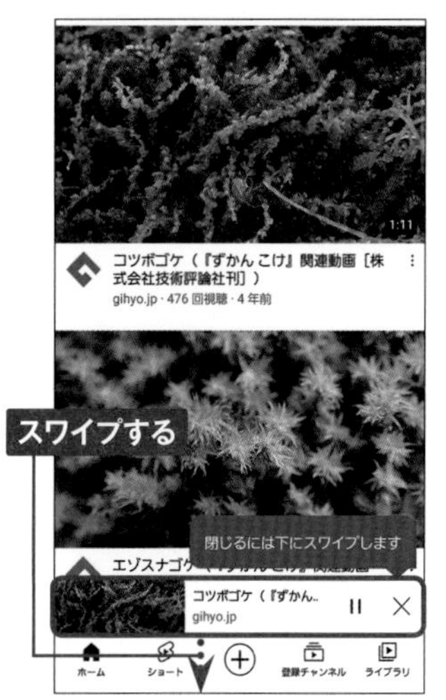

4

Section 31

Googleマップを利用する

「マップ」アプリを利用すると、現在地や行きたい場所までの道順を地図上に表示できます。なお、「マップ」アプリは頻繁に更新が行われるため、本書と表示内容が異なる場合があります。

マップを利用する準備を行う

① 「アプリ一覧」画面で［設定］をタップします。

② ［位置情報］をタップします。

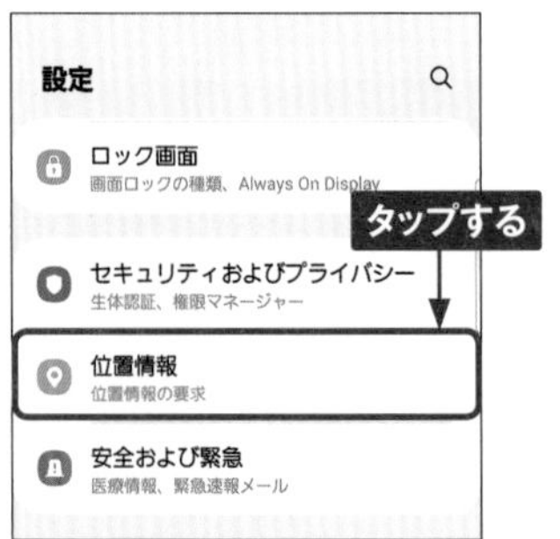

③ ［OFF］と表示されている場合は、タップして［ON］にします。

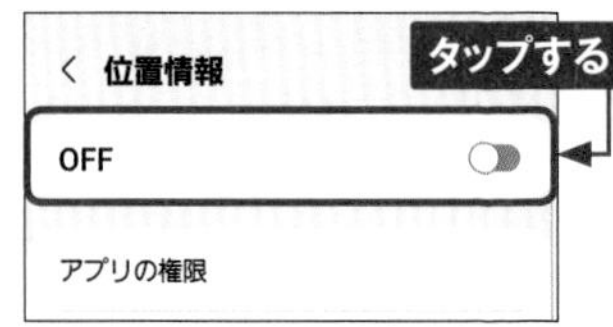

MEMO

位置情報の精度を高める

手順③の画面で、［位置情報サービス］をタップします。画面のように「Wi-Fiスキャン」と「Bluetoothスキャン」が有効になっていると、Wi-FiやBluetoothからも位置情報を取得でき、位置情報の精度が向上します。

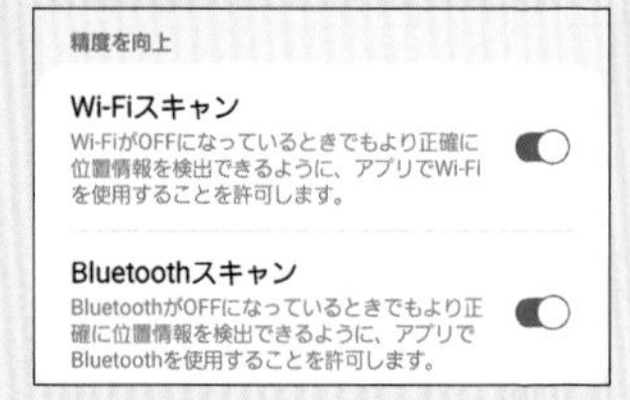

マップで現在地の情報を取得する

1 ホーム画面で［Google］→［マップ］とタップします。

2 現在地が表示されていない場合は、◎をタップします。許可画面が表示されたら、［正確］または［おおよそ］のいずれかをタップし、［アプリ使用時のみ］または［今回のみ］をタップします。

3 地図の拡大・縮小はピンチで行います。スライドすると表示位置を移動できます。地図上のアイコンをタップします。

4 画面下部に情報が表示されます。タップすると、より詳しい情報を見ることができます。

4

経路検索を使う

1 マップの利用中に◆をタップします。

2 移動手段（ここでは🚶）をタップします。入力欄の下段をタップします。なお、出発地を現在地から変更したい場合は、入力欄の上段をタップして入力します。

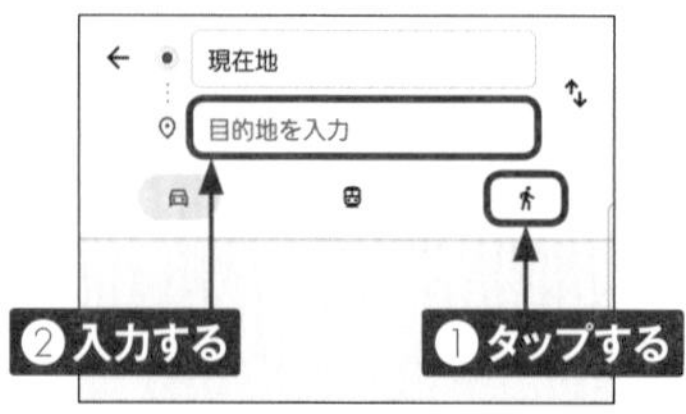

3 目的地を入力します。表示された候補、または🔍をタップします。

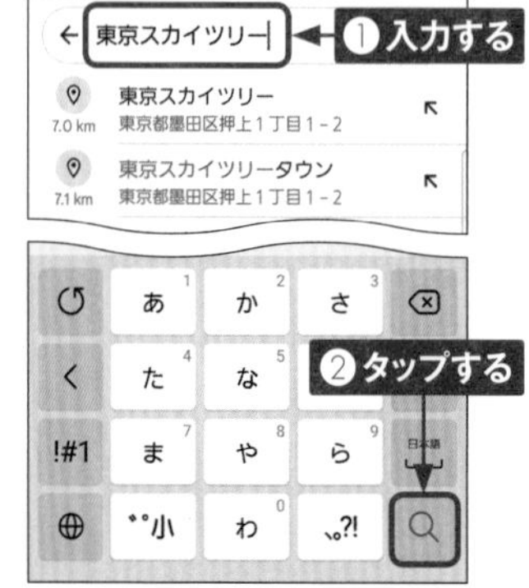

4 目的地までの経路が地図上に表示されます。下部の時間が表示された部分をタップします。

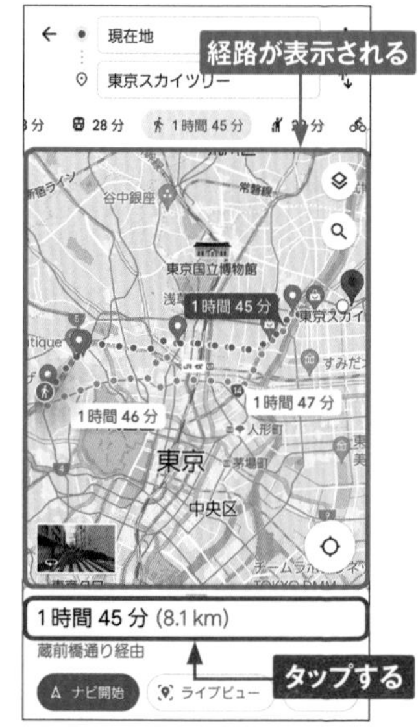

5 経路の一覧が表示されます。［ナビ開始］をタップするとナビが起動します。＜をタップすると、地図画面に戻ります。

Chapter 5

便利な機能を使ってみる

Section 32

おサイフケータイを設定する

A54はおサイフケータイ機能を搭載しています。電子マネーの楽天Edy、WAON、QUICPayや、モバイルSuica、各種ポイントサービス、クーポンサービスに対応しています。

おサイフケータイの初期設定を行う

1 アプリ一覧画面を開いて、(ドコモ版は[ツール]→)[おサイフケータイ]をタップします。

2 初回起動時はアプリの案内が表示されるので、[次へ]をタップします。続けて、利用規約が表示されるので、「同意する」にチェックを付け、[次へ]をタップします。「初期設定完了」と表示されるので[次へ]をタップします。

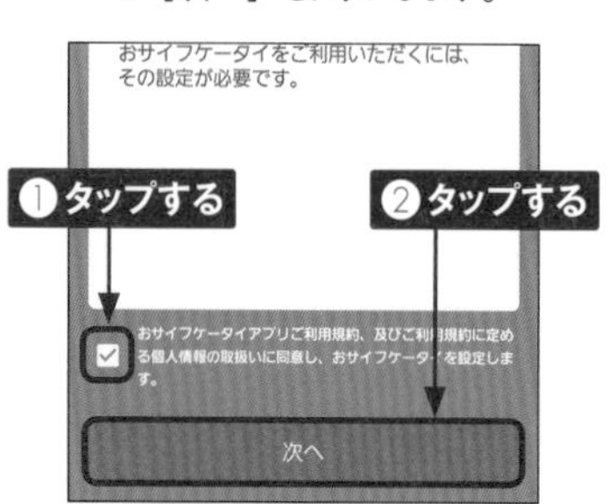

3 Googleアカウントの連携についての画面で[次へ]→[ログインはあとで]をタップします。

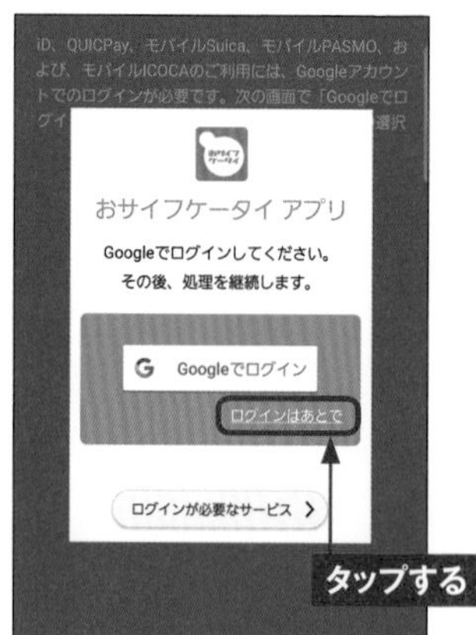

4 キャンペーンの配信についての画面で[次へ]をタップし、続けて[許可]をタップします。

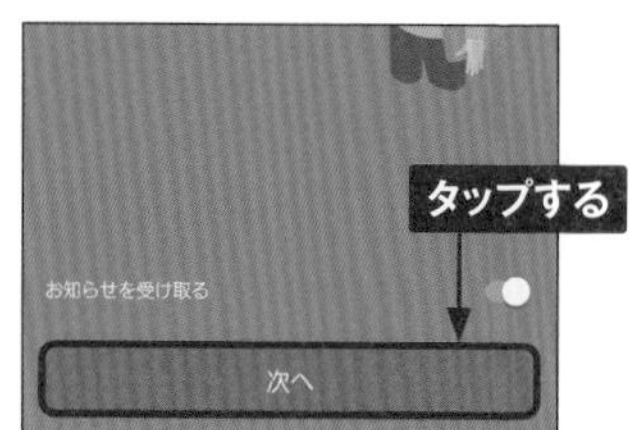

5 ［おすすめ］をタップすると、サービスの一覧が表示されます。ここでは、［楽天Edy］をタップします。

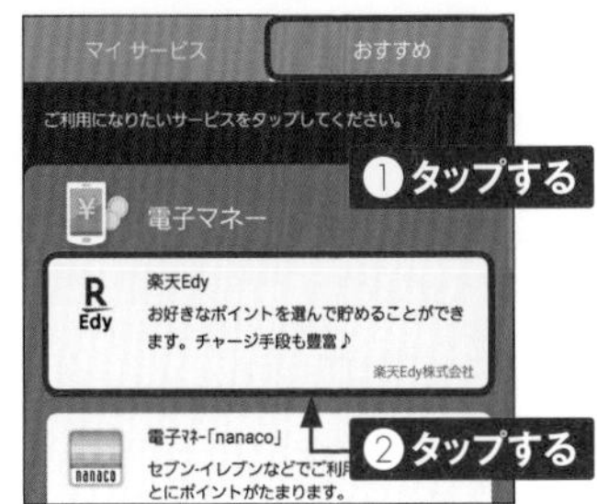

6 詳細が表示されるので、［サイトへ接続］をタップします。

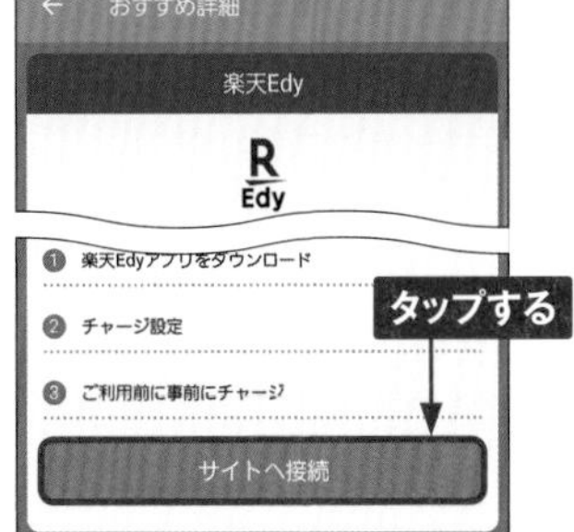

7 「アプリを開く」画面で［Google Playストア］をタップして、［1回のみ］または［常時］をタップします。「楽天Edy」アプリの画面が表示されます。［インストール］をタップします。

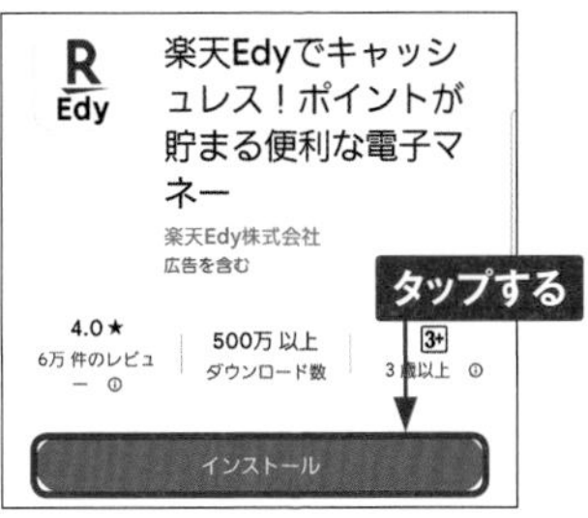

8 インストールが完了したら、［開く］をタップします。

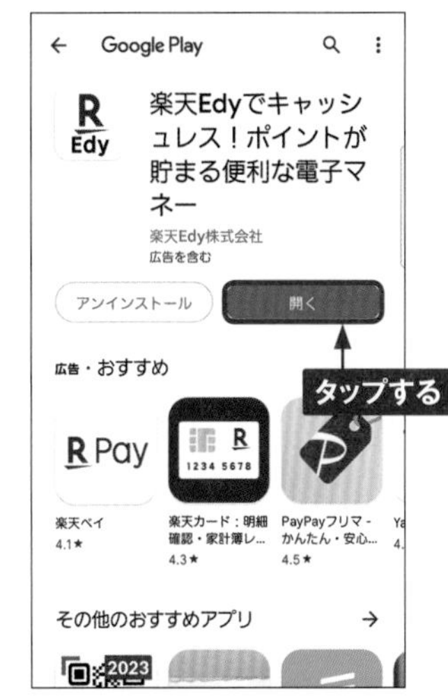

9 「楽天Edy」アプリの初期設定画面が表示されます。画面の指示に従って初期設定を行います。

5

Section 33

カレンダーで予定を管理する

A54には、予定管理のアプリ「カレンダー」がインストールされています。入力された予定を、A54に設定したGoogleアカウントのGoogleカレンダーと同期することもできます。

5

カレンダーを利用する

① 「アプリ一覧」画面で、(ドコモ版は［Samsung］→)［カレンダー］をタップします。

② 「カレンダー」が起動します。標準では月表示になっています。画面を左右にスワイプします。

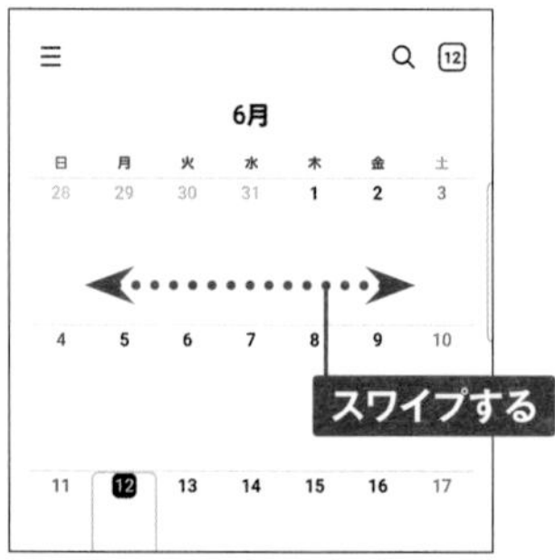

③ 翌月または前月が表示されます。表示形式を変更したい場合は、☰をタップします。

④ 利用したい表示形式をタップすると、表示形式が変更されます。

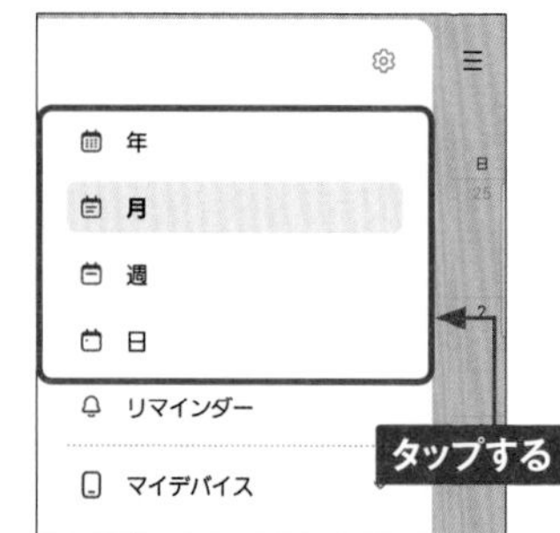

予定を入力する

1 予定を入力したい日をタップして、+をタップします。

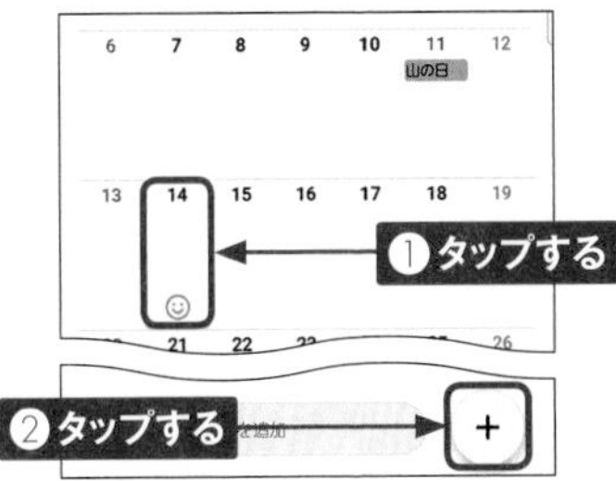

2 予定や時間などを入力して、[保存]をタップします。

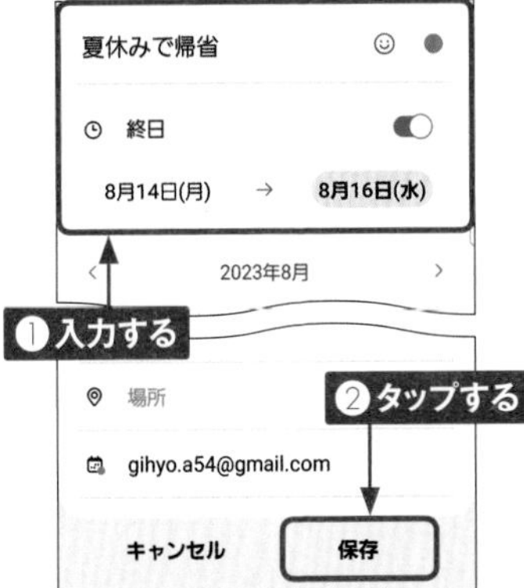

3 予定が入力されました。画面を上方向にスワイプします。

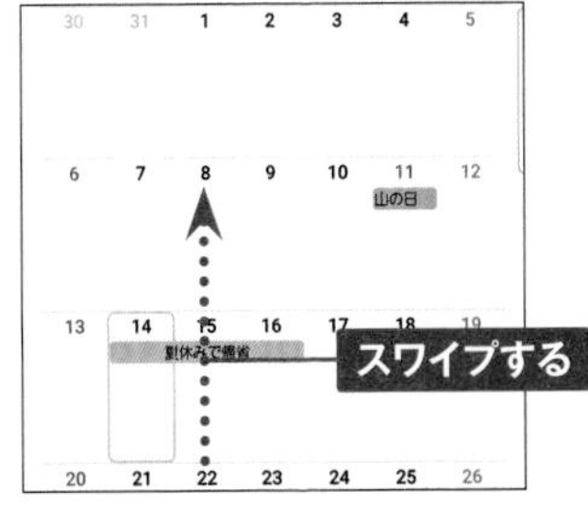

4 選択された日の予定が画面下部に表示されます。

5 手順③の画面で予定をタップすると、時間が表示されます。予定をタップすると、詳細が表示されます。

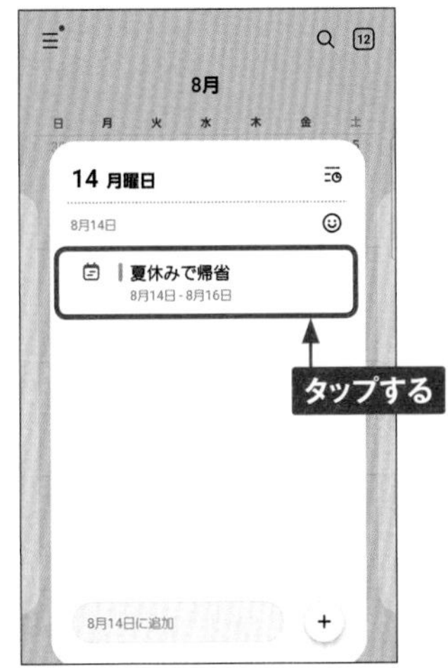

5

Section 34

アラームをセットする

A54の「時計」アプリでは、アラーム機能を利用できます。また、ほかにも世界時計やストップウォッチ、タイマーとしての機能も備えています。

5

アラームで設定した時間に通知させる

① 「アプリ一覧」画面で、(ドコモ版は[ツール]→)[時計]をタップします。

② アラームを設定する場合は、[アラーム]をタップして、＋をタップします。

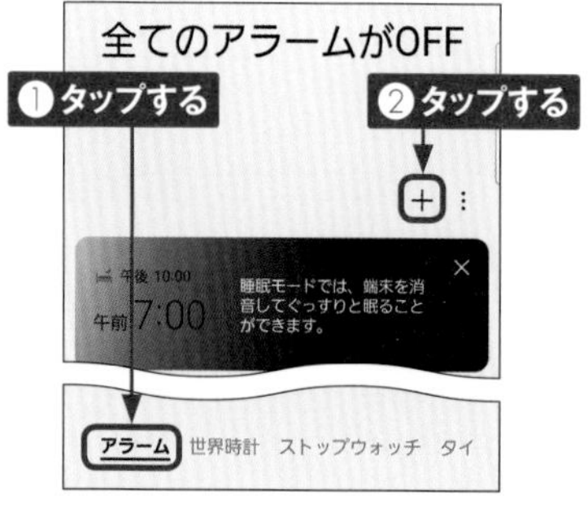

③ [午前]と[午後]をタップして選択し、時刻をスワイプして設定します。📅をタップします。

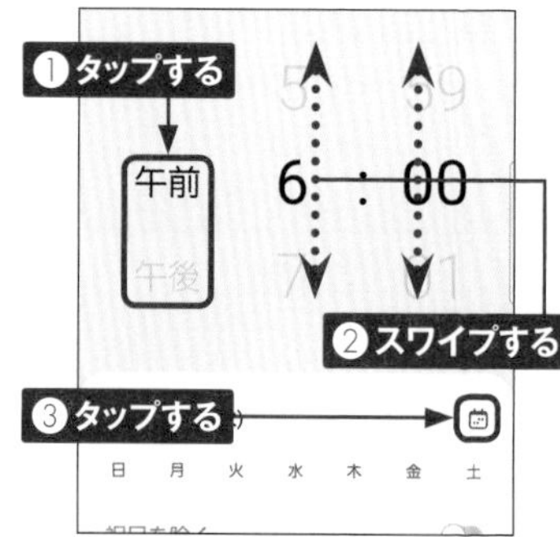

④ 日付を変更することができます。設定したい日付をタップして、[完了]をタップします。

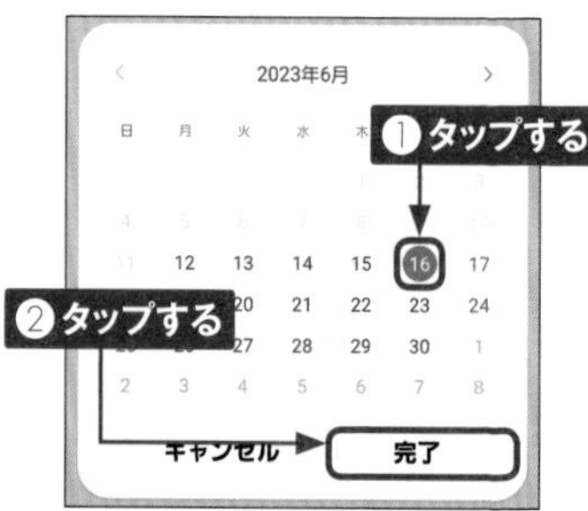

5 ［保存］をタップします。

6 アラームが有効になります。アラームの右のスイッチをタップしてオン／オフを切り替えられます。アラームを削除するときは、ロングタッチします。

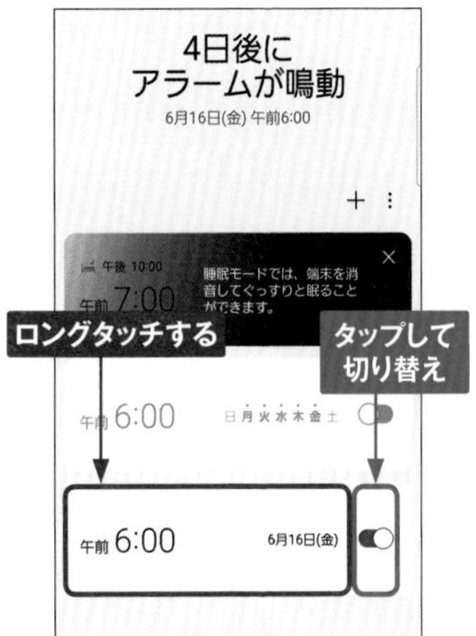

7 削除したいアラームにチェックが付いていることを確認して、［削除］をタップします。

MEMO アラームを解除する

スリープ状態でアラームが鳴ると、以下のような画面が表示されます。なお、初回は注意メッセージが表示されるので、内容に従って操作します。アラームを止める場合は、☒をいずれかの方向にドラッグします。

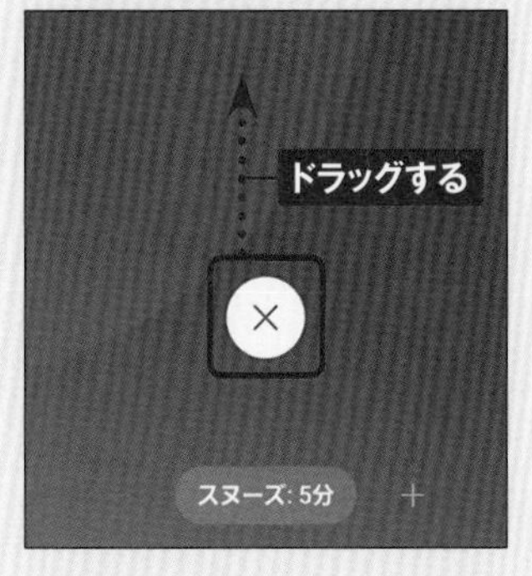

Section 35

パソコンから音楽・写真・動画を取り込む

A54はUSB Type-Cケーブルでパソコンと接続して、本体や外部メモリーにパソコン内の各種データを転送することができます。お気に入りの音楽や写真、動画を取り込みましょう。

5

パソコンと接続してデータを転送する

① パソコンとA54をUSB Type-Cケーブルで接続します。自動で接続設定が行われます。A54に許可画面が表示されたら、[許可]をタップします。パソコンでエクスプローラーを開き、[Galaxy A54 5G]をクリックします。

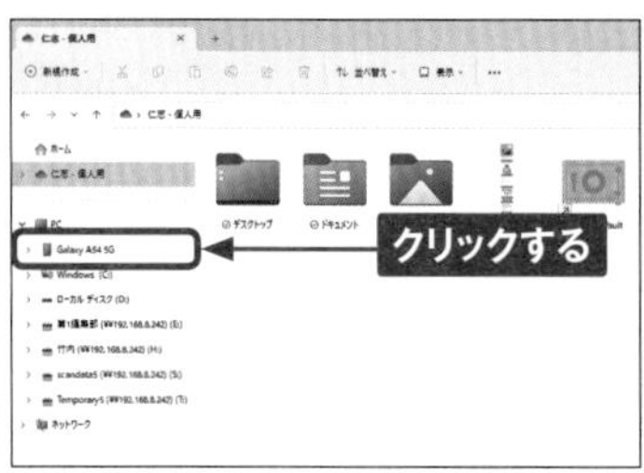

② 本体メモリーを示す[内部ストレージ]をダブルクリックします。microSDカードを使用している場合、「外部SDカード」が表示されます。

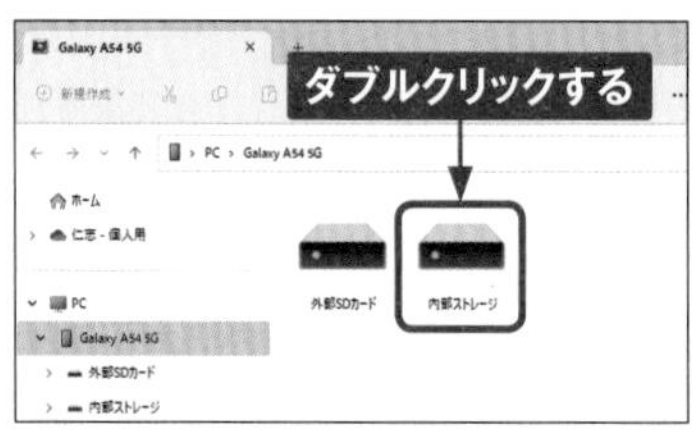

③ 本体内のファイルやフォルダが表示されます。ここでは、フォルダを作ってデータを転送します。Windows 11では、右クリックして、[その他のオプションを表示]→[新規フォルダー]の順にクリックします。

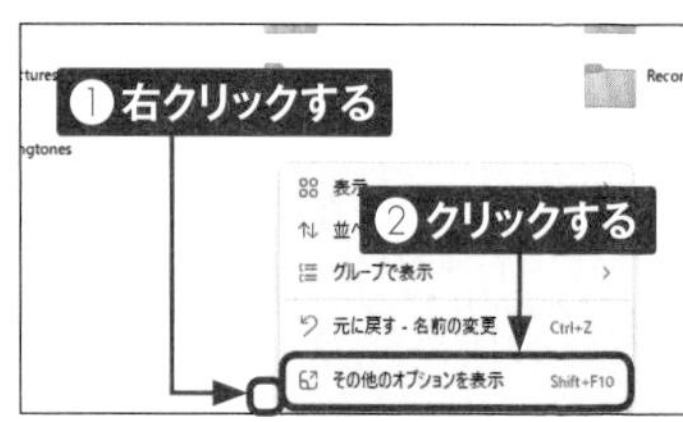

④ フォルダが作成されるので、フォルダ名を入力します。

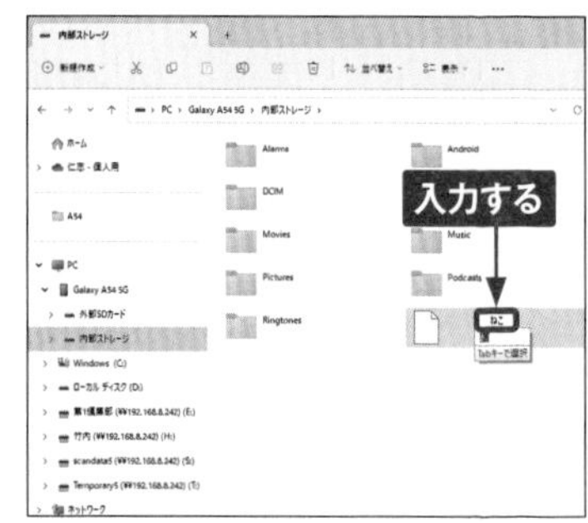

⑤ フォルダ名を入力したら、フォルダをダブルクリックして開きます。

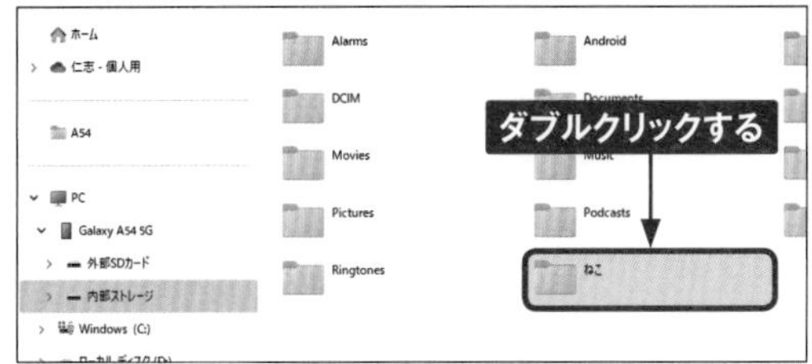

⑥ 転送したいデータが入っているパソコンのフォルダを開き、ドラッグ&ドロップで転送したいファイルやフォルダをコピーします。

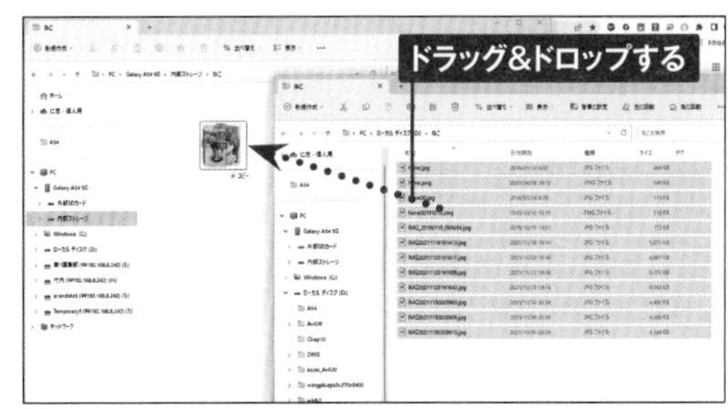

⑦ 作成したフォルダにファイルが転送されました。ここでは写真ファイルをコピーしましたが、音楽や動画ファイルなども同じ方法で転送できます。

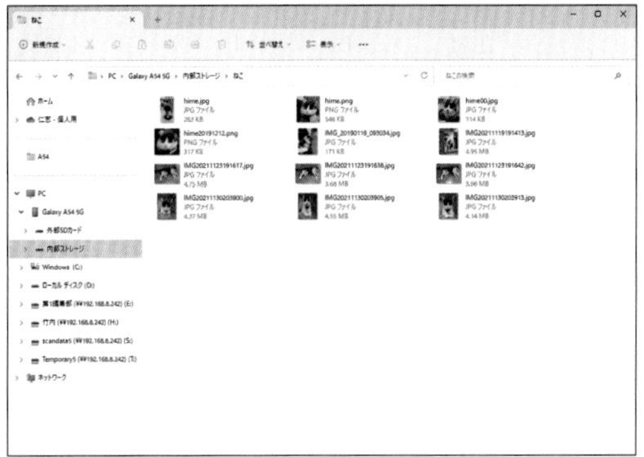

5

MEMO USB設定

P.94手順①の画面で、[Galaxy A54 5G]が表示されない場合、USB設定がファイル転送になっていない可能性があります。通知パネルを表示し、最下部の通知が「USBをファイル転送に使用」以外になっていたら、通知をタップして開き、再度タップして「USB設定」画面を表示します。[ファイルを転送/Android Auto]以外が選択されていたら、[ファイルを転送/Android Auto]をタップして選択しましょう。

Section 36

本体内の音楽を聴く

音楽の再生や音楽情報の閲覧、ストリーミング音楽再生などができる「YT Music」(YouTube Music) アプリを利用できます。ここでは、本体に取り込んだ曲を再生する方法を紹介します。

5

本体内の音楽ファイルを再生する

1 ホーム画面で、[Google] → [YT Music] とタップします。

2 Googleアカウントを設定していれば、自動的にログインされます。[無料トライアルを開始] または × をタップし、画面の指示に従って操作します。

3 「YT Music」アプリのホーム画面が表示されたら、[ライブラリ] をタップします。

4 「ライブラリ」画面が表示されます。ここでは、[ライブラリ] をタップします。

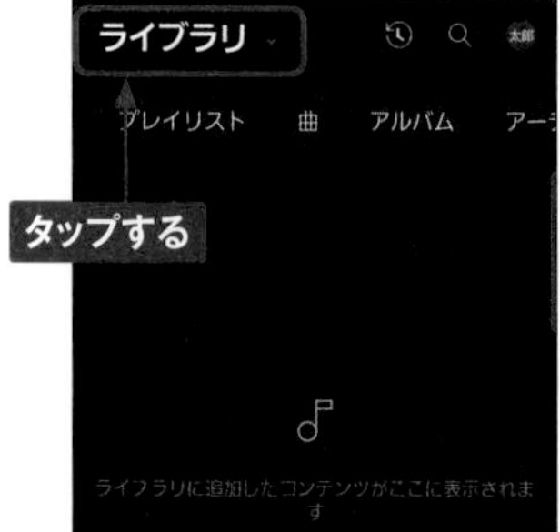

5 ［デバイスのファイル］をタップします。

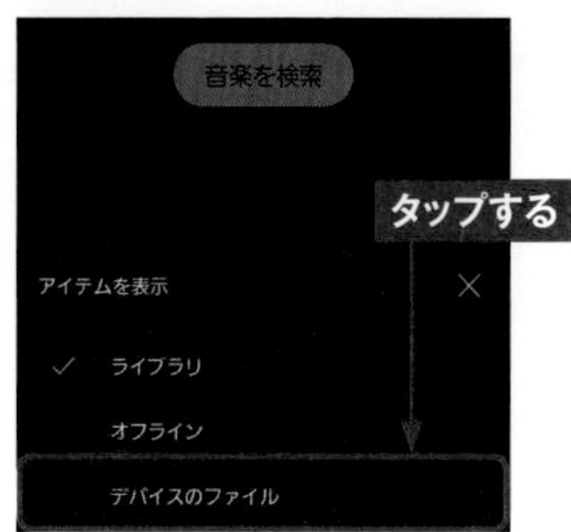

6 この画面が表示されるので、［許可］→［許可］の順にタップします。これで、「YT Music」アプリから、本体内の音楽を参照・再生することができるようになります。

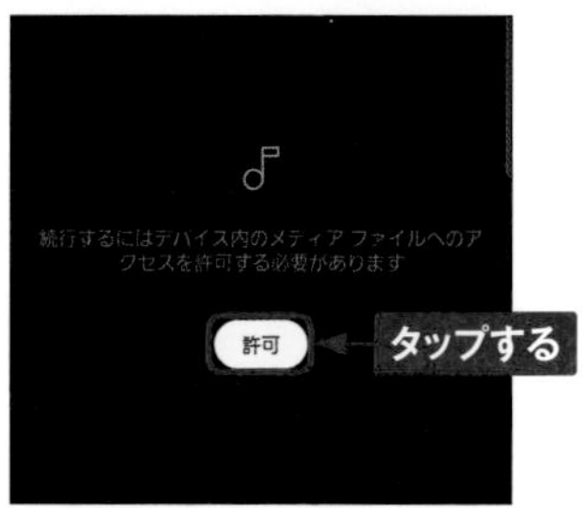

7 本体内の曲や曲が入ったフォルダが、表示されます。再生したい曲をタップします。

8 音楽が再生されます。

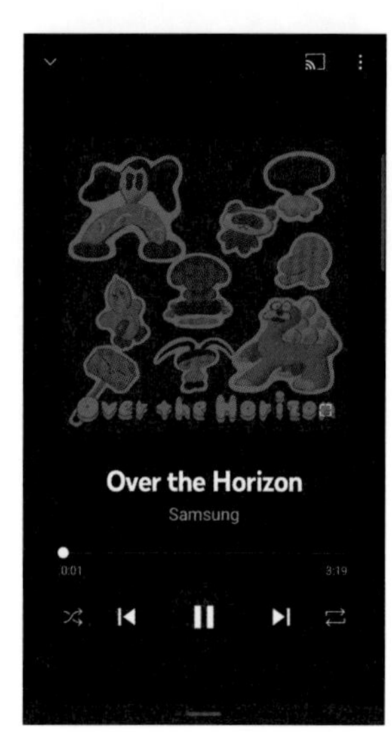

MEMO ロック画面で操作する

音楽再生中は、A54のロック画面にアルバムアートとコントロールバーが表示され、「YT Music」アプリを操作することができます。

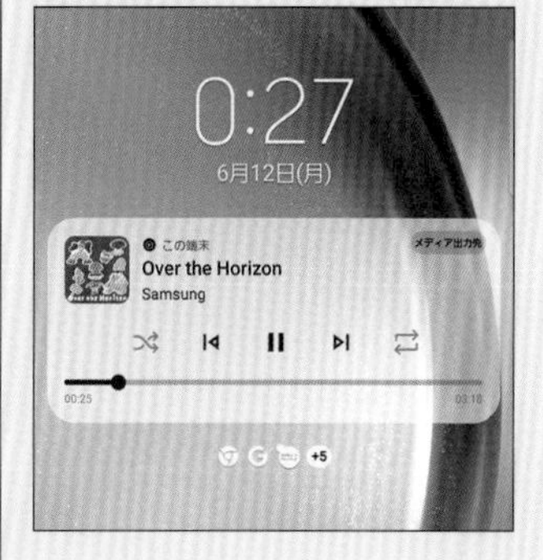

5

Section 37

写真や動画を撮影する

A54には、高性能なカメラが搭載されています。さまざまなシーンで自動で最適の写真や動画が撮れるほか、モードや、設定を変更することで、自分好みの撮影ができます。

5

写真や動画を撮る

① ホーム画面や「アプリ一覧」画面で◘（ドコモ版は◙）をタップするか、サイドキーを素早く2回押します。位置情報についての確認画面が表示されたら、設定します。

② 写真を撮るときは、カメラが起動したらピントを合わせたい場所をタップして、◯をタップすると、写真が撮影できます。また、ロングタッチで動画撮影、USB端子側にスワイプして押したままにすることで、連続撮影ができます。

③ 撮影した後、プレビュー縮小表示をタップすると、撮った写真を確認することができます。また、画面を左右（横向き時。縦向き時は上下）にスワイプすると、リアカメラとフロントカメラを切り替えることができます。

4 動画を撮影したいときは、画面を下方向（横向き時。縦向き時は左）にスワイプするか、［動画］をタップします。

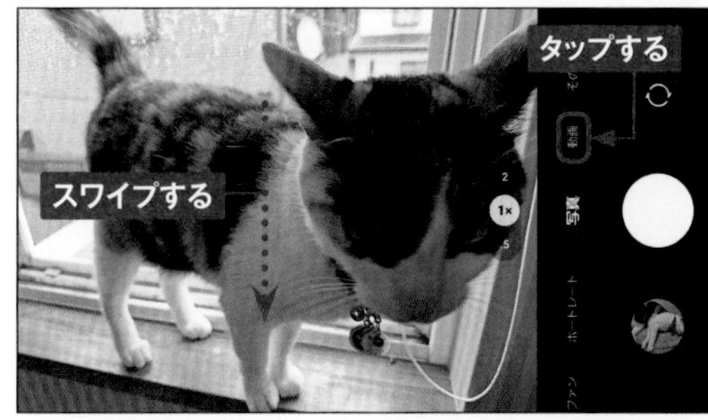

5 動画撮影モードになります。動画撮影を開始する場合は、●をタップします。

6 動画の撮影が始まり、撮影時間が画面上部に表示されます。また、オートフォーカス時は、画面をタップすると、ピントの位置を移動することができます。撮影を終了するときは、■をタップします。

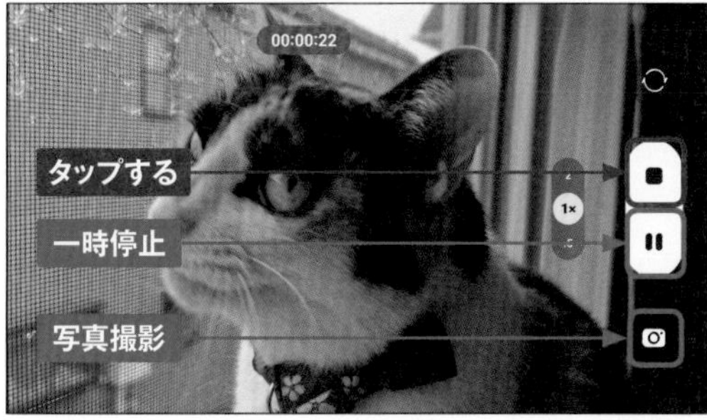

7 撮影が終了します。写真撮影モードに戻す場合は、画面を上方向（横向き時。縦向き時は右）にスワイプするか、［写真］をタップします。

5

撮影画面の見かた

※写真撮影時初期状態

❶	設定（P.103参照）
❷	フラッシュ設定
❸	タイマー設定
❹	縦横比設定
❺	モーションフォト設定
❻	カメラエフェクト

❼	カメラズームの切り替え
❽	カメラモードの切り替え（P.102参照）
❾	プレビュー縮小表示
❿	シャッターボタン
⓫	フロントカメラ／リアカメラの切り替え

リアカメラを切り替えて撮影する

① カメラを起動すると、標準では「1x」の広角カメラが選択されています。[2] をタップします。

② 2倍の望遠カメラに切り替わります。

③ 画面をピンチすると、拡大・縮小します。右側に表示された目盛りをドラッグしたり、倍率の数字をタップしたりして、ズームの度合いを変更することもできます。

ズームとカメラの切り替えについて

A54では、リアカメラのカメラは0.5、1、2倍を選択することができます。画面をピンチしてズームをすることで、倍率アイコンをタップしなくても、これらのカメラを自動的に切り替えてくれます。手順③の画面で表示されているアイコンやスライダーの倍率では、カメラが対応する以外の倍率も選択することができますが、その場合は、対応する倍率のカメラの中央部分を切り出して拡大するデジタル処理をしています。これによって、最大10倍のズームが可能です。

5

その他のカメラモードを利用する

1 「カメラ」アプリを起動し、[その他]をタップします。

2 利用できるモードが表示されるので、タップして選択します。

利用できるカメラモード

BIXBY VISION	「Bixby Vision」を起動して、被写体の情報を調べることができます。
ARゾーン	顔を認識させてAR絵文字を作成したり、認識した人物や物体に追従する手書き模様を描いたりすることができます。
プロ	写真撮影時に露出、シャッタースピード、ISO感度、色調を手動で設定できます。
プロ動画	動画撮影時に露出など各設定を手動で調整できます。
シングルテイク	1度の撮影で複数の写真や動画を撮影します。
ナイト	暗い場所でも明るい写真を撮影できます。
食事	食べ物向けに色味が調整された写真を撮影でき、ボカしを設定できます。
パノラマ	垂直、水平方向のパノラマ写真を作成できます。
マクロ	被写体に接近して撮影することができます。
スーパースローモーション	被写体が動いたことを感知して、その間自動的にスローモーション動画を撮影できます。
スローモーション	スローモーション動画を撮影できます。
ハイパーラプス	早回しのタイプラプス動画を撮影できます。

カメラの設定を変更する

●カメラの設定を変更する

① カメラの各種設定を変更する場合は、⚙をタップします。

② 「カメラ設定」画面が表示され、設定の確認や変更ができます。

●比率や解像度を変更する

① 写真や動画の画面比率や解像度を変更するには、写真は[3:4]、動画は[9:16]や[FHD 30]をタップします。

② 表示されたアイコンをタップして、画面比率や解像度を変更します。

Section 38

さまざまな機能を使って撮影する

Application

A54では、さまざまな撮影機能を利用することができます。上手に写真を撮るための機能や、変わった写真を撮る機能があるので、いろいろ試してみましょう。

5

背景をボカした写真を撮影する

1 「カメラ」アプリを起動し［ポートレート］をタップします。

2 被写体にカメラを向けます。被写体との距離が適切でないと、画面上部に警告が表示されます。「準備完了」と表示されたら、撮影することができます。ボカしの種類や強さを変更したい場合は、をドラッグします。

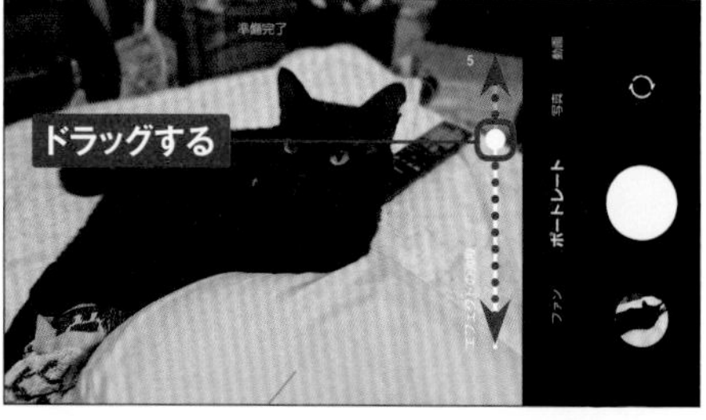

3 ボカしの強さを変更することができます。また、「ポートレート」モードで撮影した写真は、後から「ギャラリー」アプリでボカしを変更することができます。

料理を撮影する

1. 料理写真では、フォーカスエリアを調整することができます。[その他]をタップします。

2. [食事] をタップします。

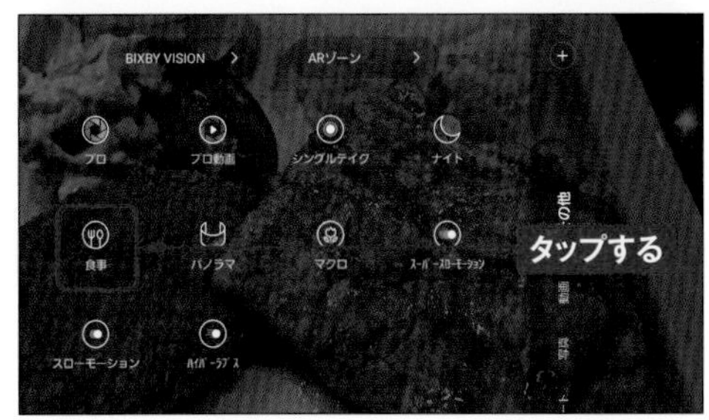

3. フォーカスエリアをドラッグして、位置を調整します。

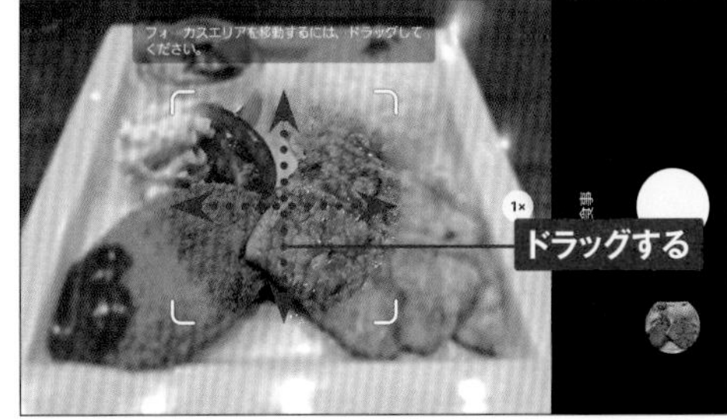

4. フォーカスエリアは枠をドラッグして大きさを調整することもできます。

5

被写体に接近して撮影する

① 被写体に接近して撮影する場合、［カメラ］アプリを起動して、被写体に近づきます。

② 被写体に近づくと、画面下部に「マクロモードを使用」と表示されるので、それをタップします。

③ 「マクロモードを使用」と表示される前にマクロモードにしたいときは、手順②の画面で、［その他］をタップし、［マクロ］をタップします。

④ 被写体に接近してもボケずに撮影できるようになります。

ナイトモードを利用する

1 暗い場所でも明るく撮影したい場合は、［その他］をタップします。

2 ［ナイト］をタップします。

3 ナイトモードになったなら、シャッターボタンをタップします。

4 画面上部の「保存中」が消えるか、シャッターボタンの周りの黄色い枠が消えるまで、本体を動かさないようにして撮影します。

5

Section 39

Application

写真や動画を閲覧する

カメラで撮影した写真や動画は「ギャラリー」アプリで閲覧することができます。A54の多彩な撮影機能を活かした閲覧、また写真や動画の編集をすることができます。

5

写真を閲覧する

1 ホーム画面や「アプリ一覧」画面で、[ギャラリー]をタップします。

2 本体内の写真やビデオが一覧表示されます。[アルバム]をタップすると、フォルダごとに見ることができます。見たい写真をタップします。

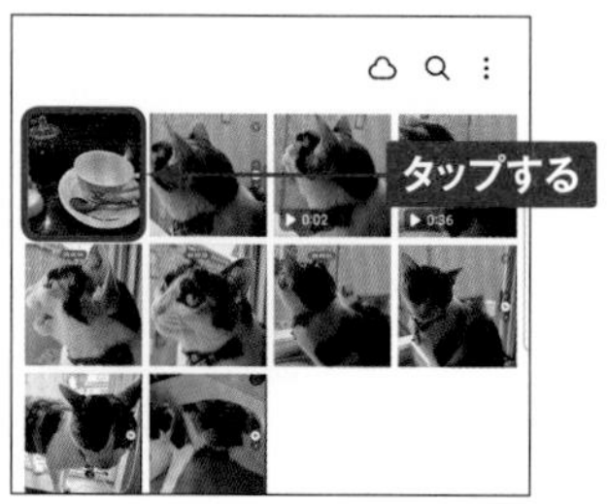

3 写真が表示されます。ピンチやダブルタップで拡大縮小をすることができます。写真をタップします。

4 メニューが消えて、全画面表示になります。再度画面をタップすることで手順③のメニューが表示された画面になります。

動画を閲覧する

① P.108手順②の画面を表示して、見たいビデオをタップします。動画とスローモーションのサムネイルには、下部に再生マークと時間が表示されています。

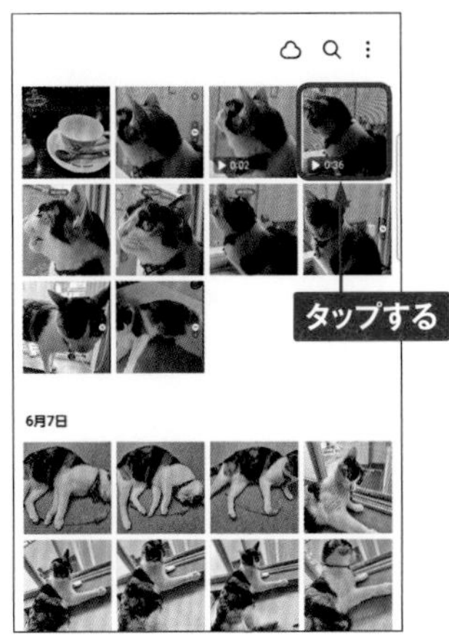

② ビデオが再生されます。画面下部の⋮→［動画プレーヤーで開く］の順にタップします。

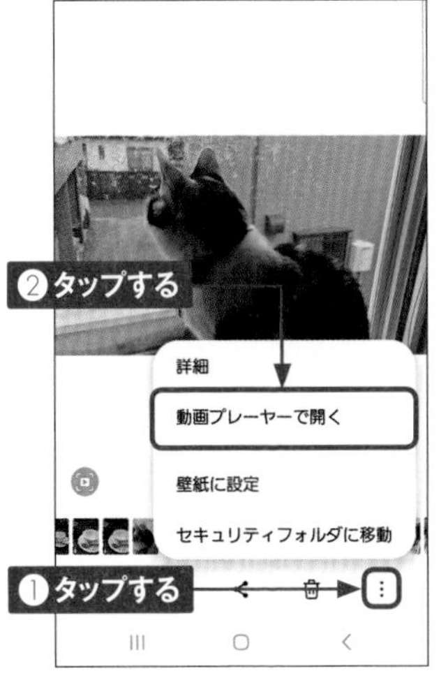

③ 画面が「ギャラリー」から「動画プレーヤー」に変わります。画面をタップします。

④ メニューが表示されます。「ギャラリー」に戻るには、＜を2回タップします。

5

写真の情報を表示する

① P.108を参考に、「ギャラリー」アプリで写真を表示して、上方向にスワイプします。

② 写真の情報が表示されます。[編集] をタップします。

③ 「詳細」画面で、日付やファイル名をタップすると、それぞれを変更することができます。また、位置情報の右の⊖をタップすると、位置情報を削除することができます。

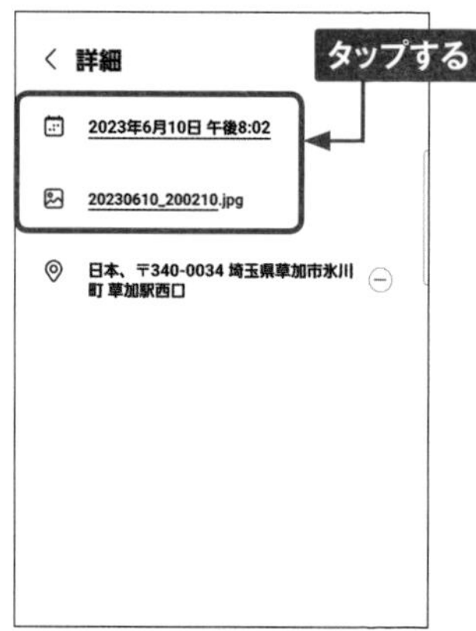

④ 手順②で地図をタップすると、本体内の写真で位置情報が記録されている写真が、地図上に表示されます。

写真や動画を削除する

① 写真や動画を削除したい場合は、P.108手順②の画面で、削除したい写真や動画をロングタッチします。

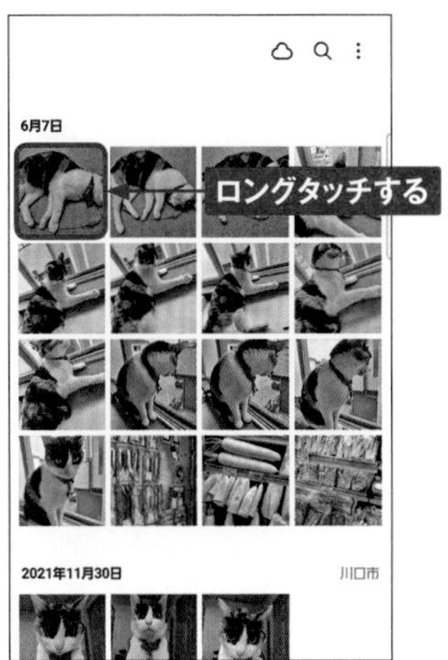

② ロングタッチした写真や動画にチェックマークが付きます。ほかに削除したい写真や動画があればタップして選択し、[削除]をタップします。

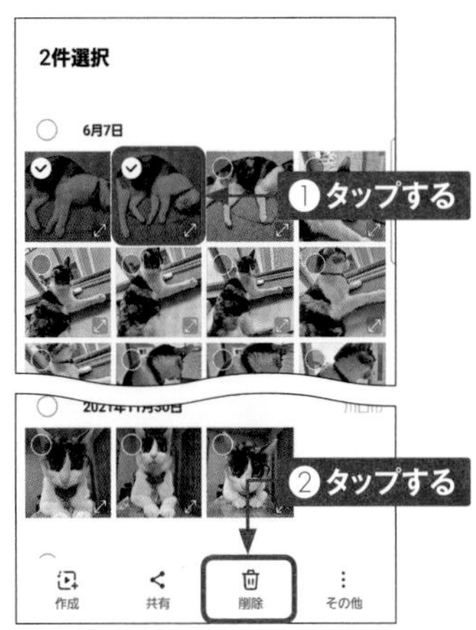

③ [ごみ箱に移動] をタップすると、写真や動画がごみ箱に移動します。ごみ箱に移動した写真や動画は、30日後に自動的に完全に削除されます。また、30日以内であれば復元することができます。

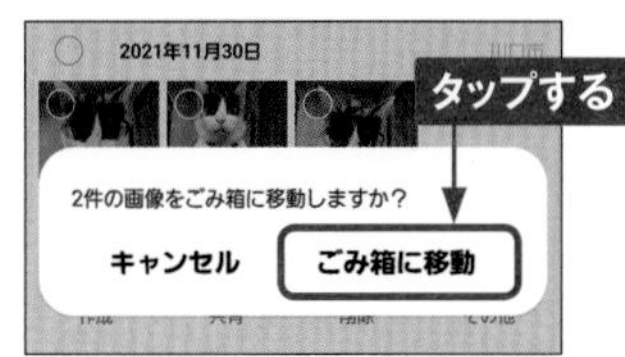

④ 30日より早く削除したい場合や、復元したい場合は、手順①の画面で画面右下の三をタップし、[ごみ箱] をタップします。

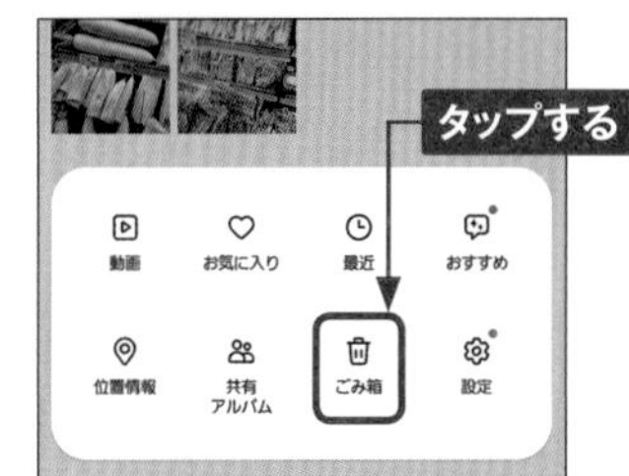

⑤ [編集] をタップし、完全に削除したい（もしくは復元したい）写真や動画をタップして選択し、[削除]（または [復元]）をタップします。

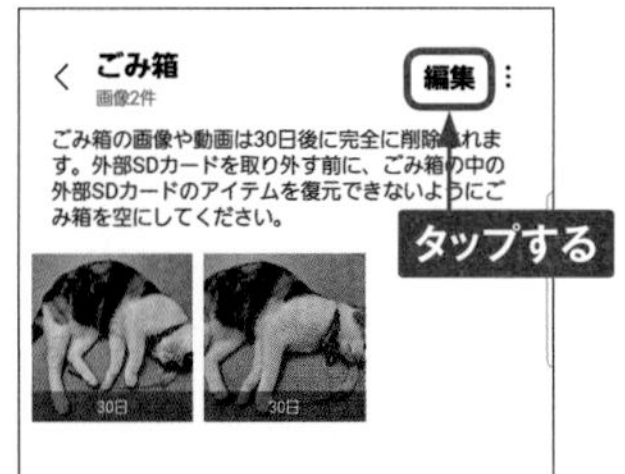

Section 40

写真や動画を編集する

「ギャラリー」アプリでは、撮影した写真や動画を編集できます。写真のトリミングやフィルター、影や反射の消去、動画のトリミングや編集ができます。

5

写真を編集する

1 「ギャラリー」アプリで編集したい写真を表示し、🖉をタップします。

2 最初はトリミングの画面が表示されます。写真の四隅のハンドルをドラッグしてトリミングしたり、下部のアイコンをタップして回転や反転ができます。

3 をタップします。

4 フィルターを適用することができます。下部のほかのアイコンをタップすると、スタンプや文字などを入れることもできます。

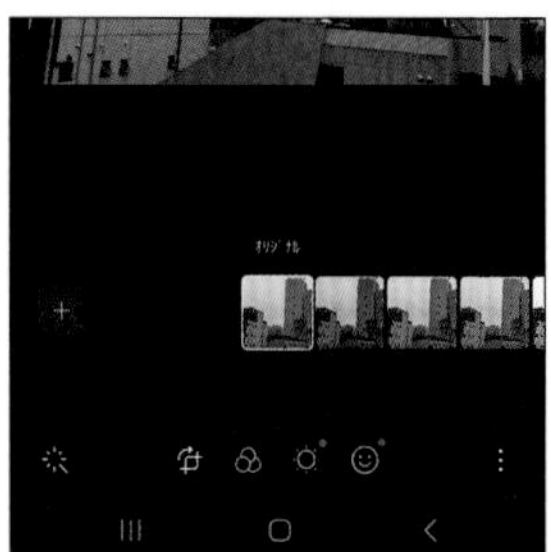

写真を簡単に補正する

① 「ギャラリー」アプリで写真を表示して、⋮をタップします。

② ［画像を補正］をタップします。

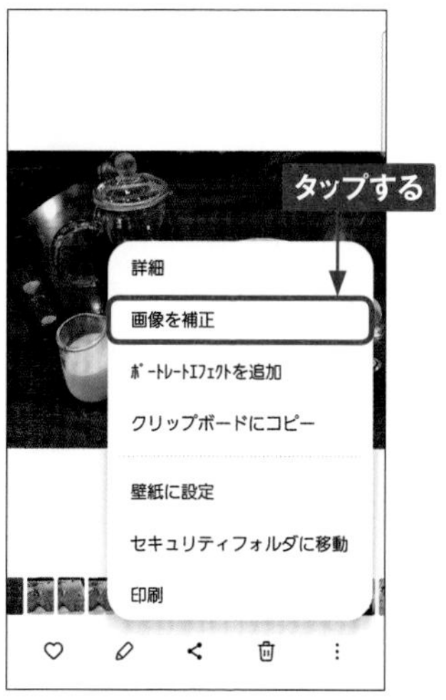

③ <>を左右にドラッグして、補正前と補正後を確認します。

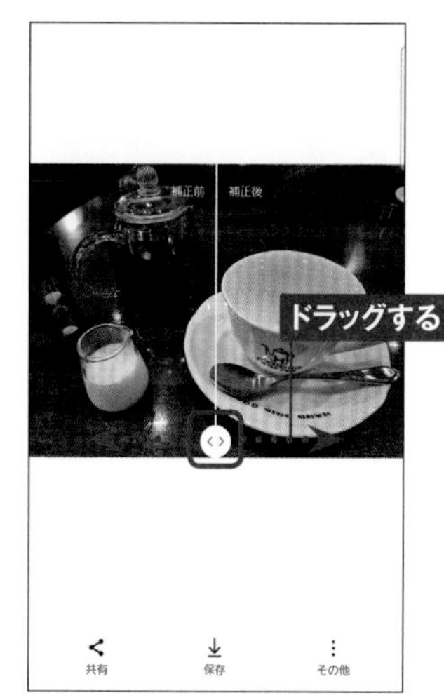

④ ［その他］→［コピーとして保存］をタップすると、別ファイルとして補正後の写真が保存されます。［保存］をタップすると上書きされますが、手順②の画面を表示して、［元に戻す］をタップすると、戻すことができます。

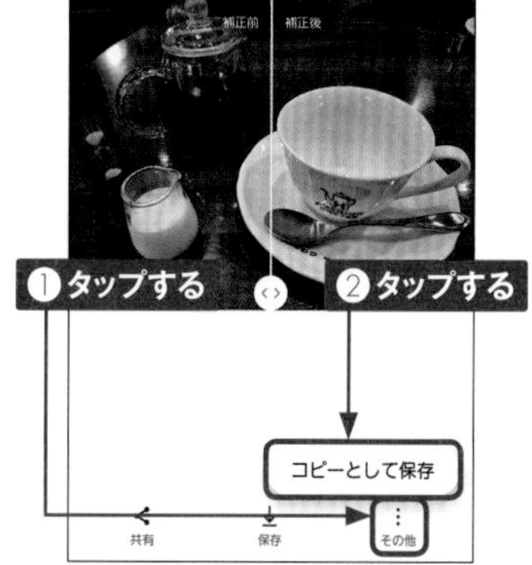

5

写真内の邪魔なものを消去する

① P.112手順②の画面を表示して、⋮をタップして、［オブジェクト消去］をタップします。

② 消去したいものをタップするか、輪郭をなぞります。［消去］をタップします。

③ ［完了］をタップします。

④ ［保存］→［保存］の順にタップします。

5

動画をトリミングする

① 「ギャラリー」アプリで編集したい動画を表示し、🖉をタップします。

② ✂をタップします。

③ 下部に表示されたコマの左右にあるハンドルをドラッグして、トリミング範囲を設定します。

④ ［保存］をタップすると上書き保存、⋮をタップして、［コピーとして保存］をタップすると、別ファイルとして保存できます。

5

Section 41

ファイルを共有する

Application

A54では、近くの端末と画像などのファイルをやり取りすることができます。Androidの「ニアバイシェア」とGalaxyの「クイック共有」が利用できるので、用途によって使い分けましょう。

5

ニアバイシェアで近くの端末と共有する

① ニアバイシェアを有効にするには、「設定」アプリを起動し、［Google］→［デバイス、共有］の順にタップします。

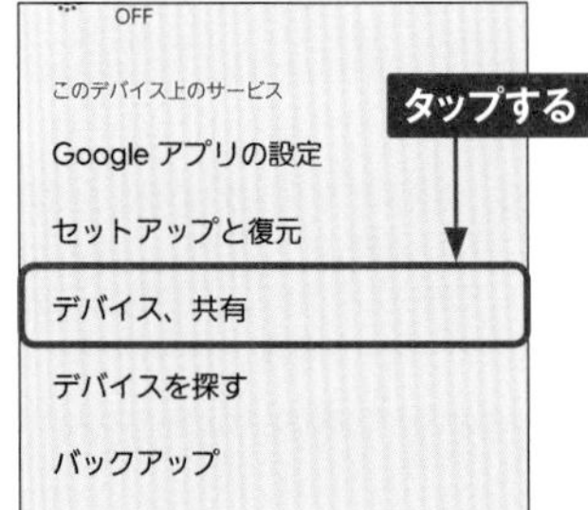

② ［ニアバイシェア］をタップします。

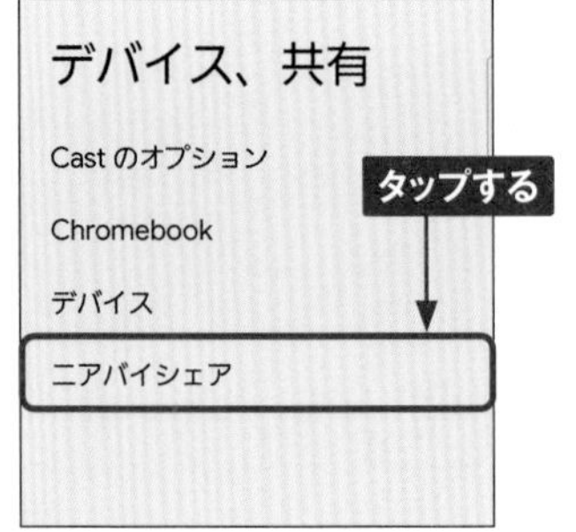

③ ［ニアバイシェアを使用］をタップすると、有効になります。この画面では公開範囲の設定（標準では連絡先の相手のみ）ができます。なお、送信相手もニアバイシェアが有効である必要があります。

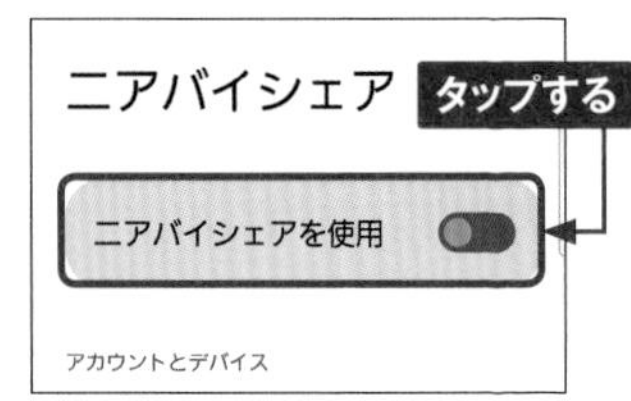

MEMO ニアバイシェア

ニアバイシェアは、Android OSの機能で、Android 6.0以上でニアバイシェアに対応したAndroidスマートフォン同士で動画や画像、テキストを共有できます。Wi-FiやBluetoothを利用して接続するため、相手の端末が近くにあり、Wi-FiやBluetooth、位置情報が有効であることが必要です。

4 ニアバイシェアでファイルを送信するには、アプリ（画面は「ギャラリー」）でファイルを表示して、<をタップします。

5 ［ニアバイシェア］をタップします。すると、付近のニアバイシェアの有効な相手に通知が表示されるので、それをタップします。

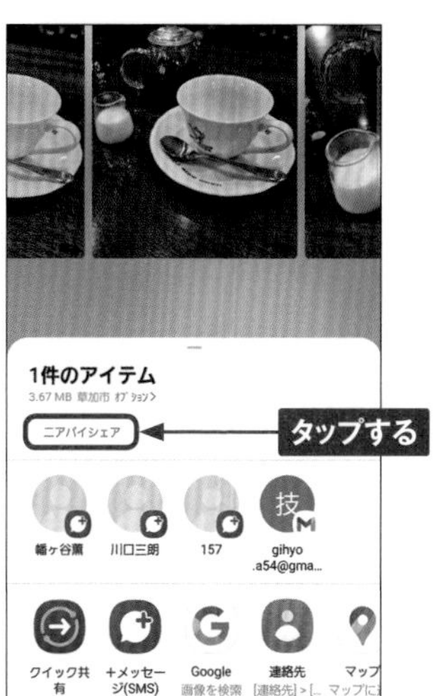

6 送信先の相手が表示されるので、タップします。

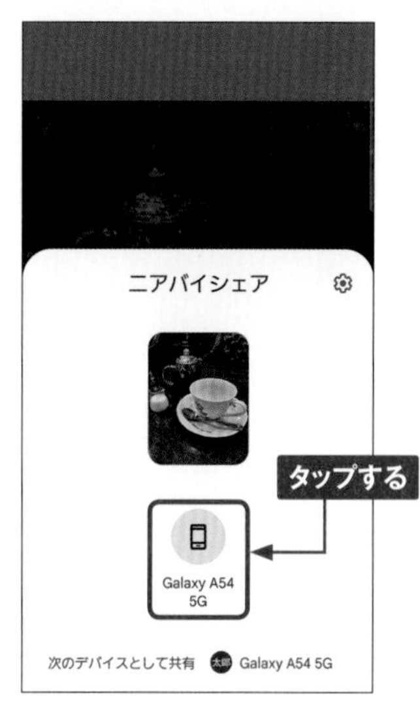

7 送信先の相手が［承認する］をタップすると、ファイルが送信されます。［完了］をタップします。

クイック共有を利用する

5

1 通知パネルのクイック設定ボタンで、[クイック共有] をタップします。

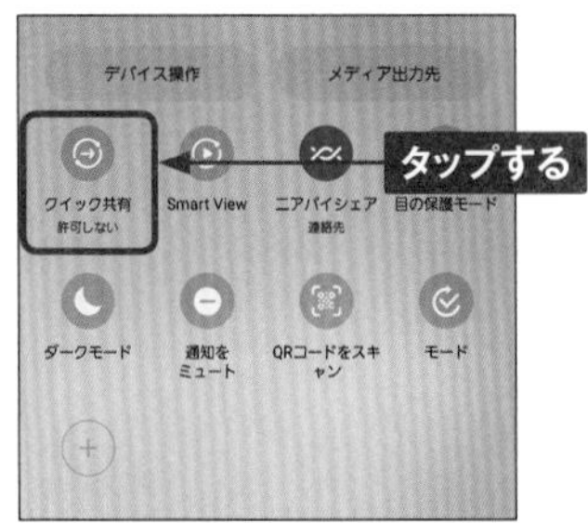

2 共有を許可するユーザーをタップして選択します。

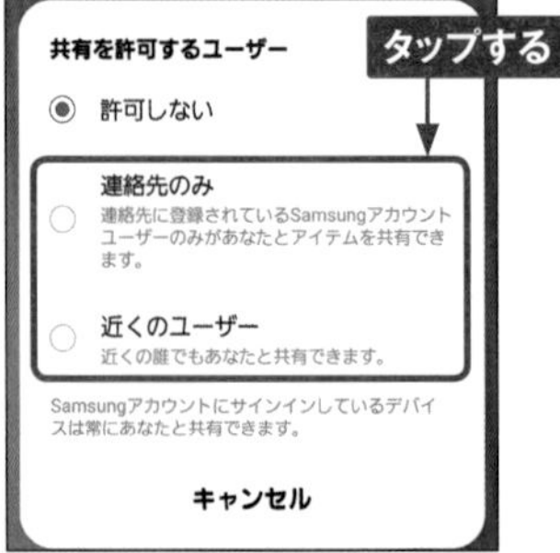

3 P.117手順④を参考に共有画面を表示し、[クイック共有] をタップします。

4 共有できる相手が表示されるので、タップします。相手が [承認] をタップすると、ファイルが送信されます。

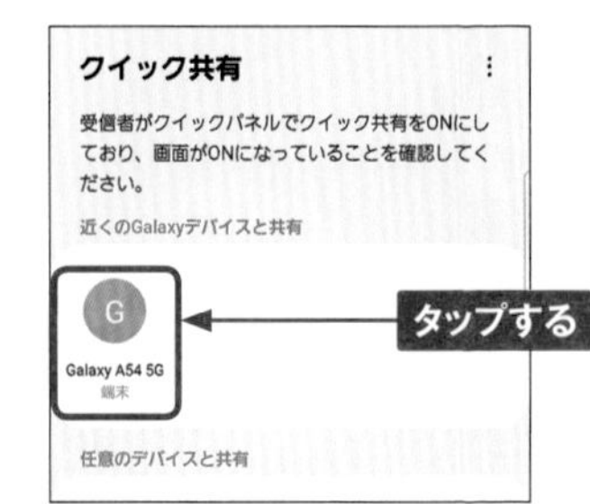

MEMO クイック共有

クイック共有は、サムスンが提供するファイル共有機能で、ここで紹介している手順は、Galaxyスマートフォン同士で利用する場合の手順です。利用するには、お互いのスマートフォンがオンになっていること、Wi-Fiが有効になっていることが必要です。1件あたり最大3GB、1日に5GBまでのファイルを送信することができます。クイック共有を無効にするには、クイック設定ボタンで [クイック共有] をタップし、表示される手順②の画面で [許可しない] をタップします。Galaxyスマートフォン以外の端末や、任意の相手と共有したい場合は、手順④の画面の「任意のデバイスと共有」欄の、いずれかの方法を選択します。

Chapter 6

独自機能を使いこなす

Section 42

Samsungアカウントを設定する

Application

この章で紹介する機能の多くは、利用する際にSamsungアカウント（旧Galaxyアカウント）をA54に登録しておく必要があります。ここでは［設定］アプリからの登録手順を紹介します。

Samsungアカウントを登録する

1 「設定」アプリを起動し、［アカウントとバックアップ］→［アカウントを管理］→［アカウントを追加］→［Samsungアカウント］の順にタップします。

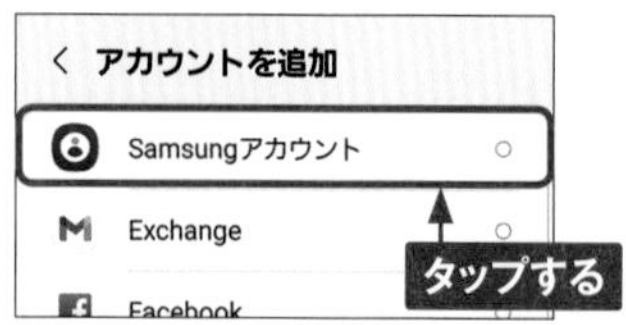

2 ここでは新規にアカウントを作成します。［アカウントを作成］をタップします。既にアカウントを持っている場合は、アカウントのメールアドレスとパスワードを入力して、［サインイン］をタップします。

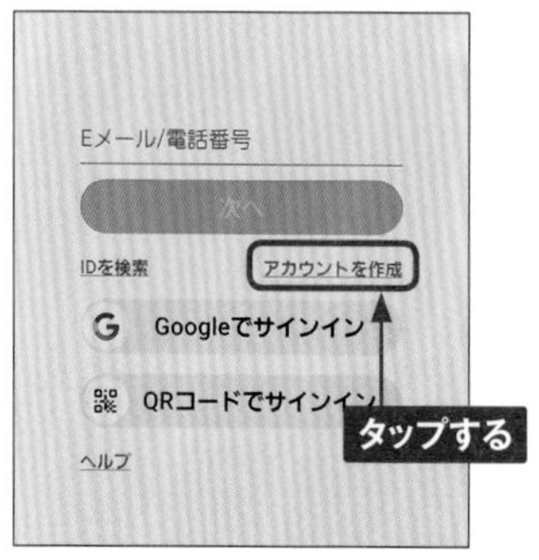

3 「法定情報」画面が表示されるので、各項目を確認してタップし（最低限画面の項目）、［もっと見る］→［同意する］をタップします。

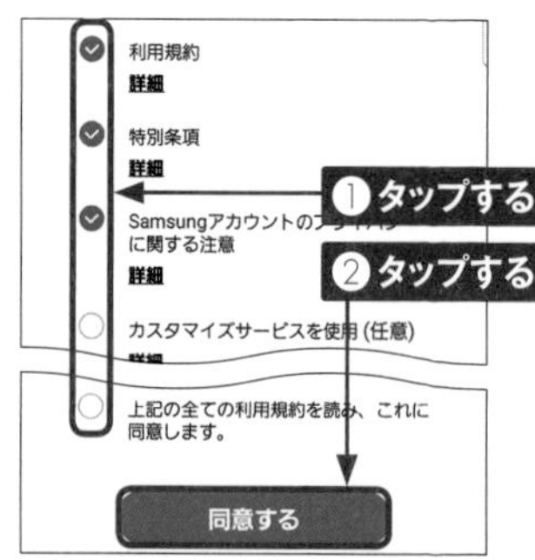

MEMO

Samsungアカウントの役割

Samsungアカウントは、この章で紹介するサムスン提供のサービスを利用するために必要です。また、アカウントを登録することで、「Galaxy Store」でアプリやテーマをダウンロードしたり、設定をSamsungクラウドにバックアップすることができます。

4 「アカウント」画面が表示されるので、アカウントに登録するメールアドレスとパスワード、名前を入力し、生年月日を設定して、[アカウントを作成] をタップします。

5 認証画面が表示されます。本体の電話番号が表示されるので、[OK] をタップします。

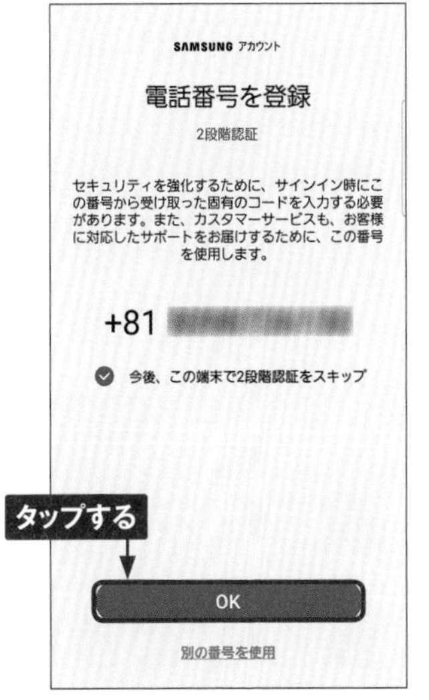

6 [受信トレイに移動] をタップし、「Samsungアカウントを認証する」メールを開き、[アカウントを認証] をタップします。

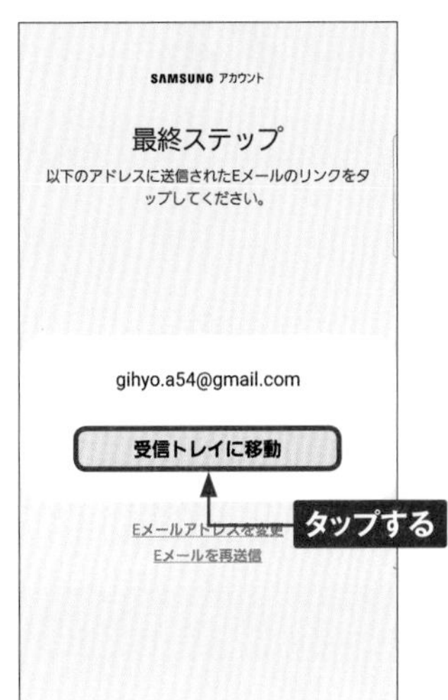

7 これでSamsungアカウントが登録されます。

6

Section 43

Galaxy Storeを利用する

A54では、Galaxyシリーズ向けのアプリストア「Galaxy Store」を利用することができます。ゲームやアプリなどをインストールすることができ、サムスン製アプリの管理もできます。

Galaxy Storeでアプリを検索する

6

① 「アプリ一覧」画面で、[Galaxy Store]をタップします。初回は[続行]→[同意する]をタップします。

② 「Galaxy Store」アプリが起動します。アプリを探すときは、🔍をタップします。

③ キーワードを入力し、🔍をタップします。

④ 検索結果が表示されます。インストールしたいアプリがあれば、⤓をタップすると、インストールすることができます。

Galaxy Storeでアプリを更新する

1. A54内のサムスン製アプリの更新を確認するには、「Galaxy Store」アプリで、[メニュー]をタップします。

2. 更新のあるアプリがあれば、「更新」にバッジが表示されます。[更新]をタップします。

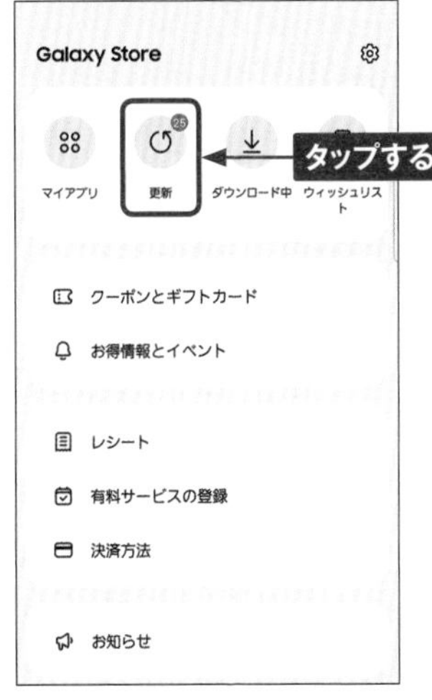

3. すべて更新、もしくは個別のアプリをタップして個別に更新します。

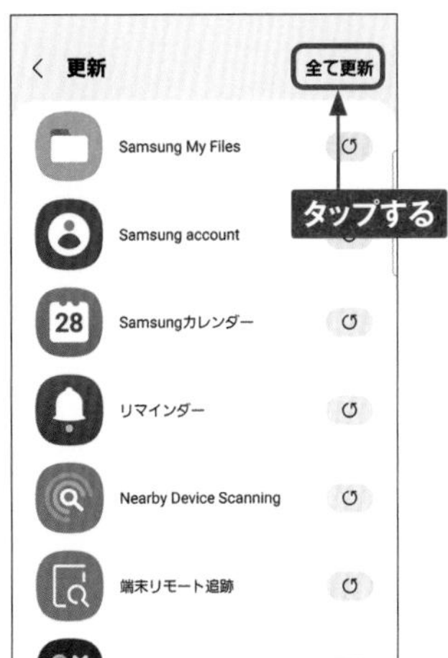

Galaxy Storeの特徴

Galaxy Storeには、ゲームやアプリが登録されており、インストールして利用することができます。ほとんどは、「Google Play」(Sec.24参照) でも提供されているものですが、ゲームの場合は独自のスキンやキャラクター、割引など、独自のサービスが提供されます。また、A54用の壁紙やテーマ (Sec.55参照) も、提供されています。ユーザー向けの独自キャンペーンや追加特典が提供されることもあるので、ときどきアプリを確認してみましょう。

Section 44

ノートを利用する／整理する

「Samsung Notes」アプリは、テキスト、手描き、写真などが混在したノートを作成できるメモアプリです。そのため、メモとしてはもちろん、日記のような使い方もできます。

Samsung Notesを利用する

6

1 「アプリ一覧」画面で、(ドコモ版は[Samsung]→)[Samsung Notes]をタップして起動します。新規にノートを作成する場合は、をタップします。初回はページのスタイルなどの設定画面が表示されます。

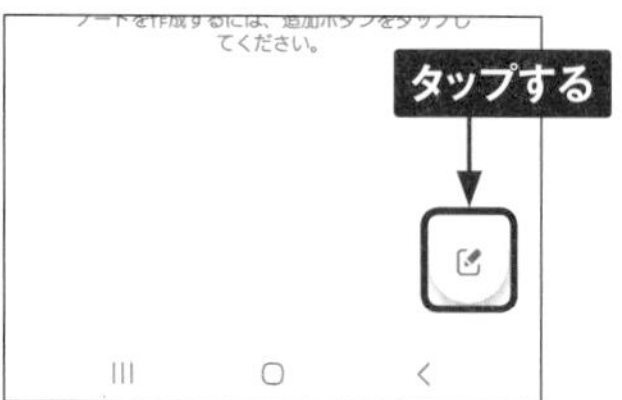

2 新規作成画面が表示されます。ここでは、タイトルを入力するために［タイトル］をタップします。

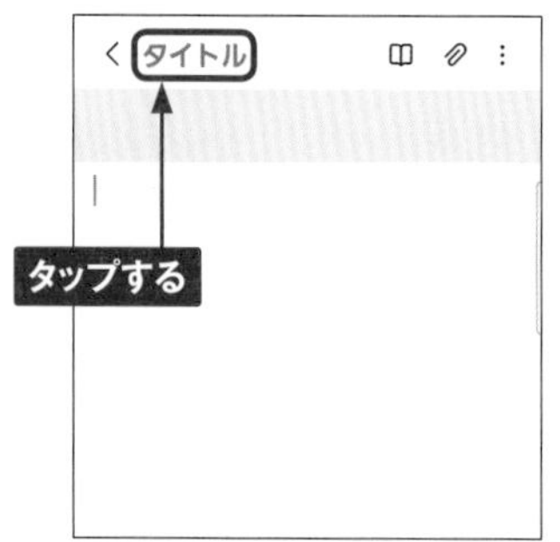

3 ソフトウェアキーボードからタイトルを入力し、へをタップします。

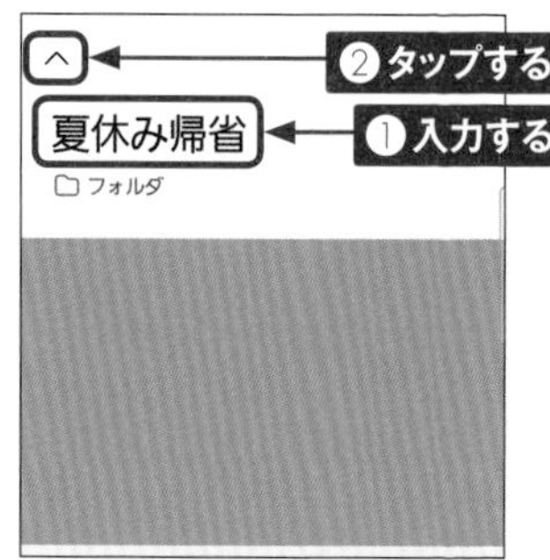

4 ノート画面に戻ります。標準では「キーボード」入力モードです。メモを入力し、くをタップすると、閲覧モードになり、もう一度タップすると、手順①の画面に戻ります。

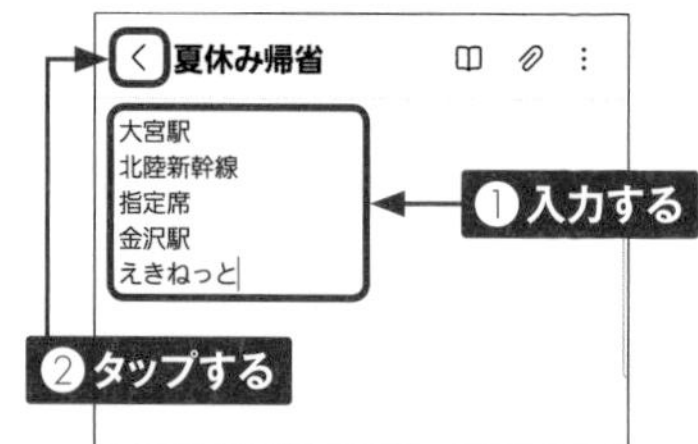

Samsung Notesの編集画面

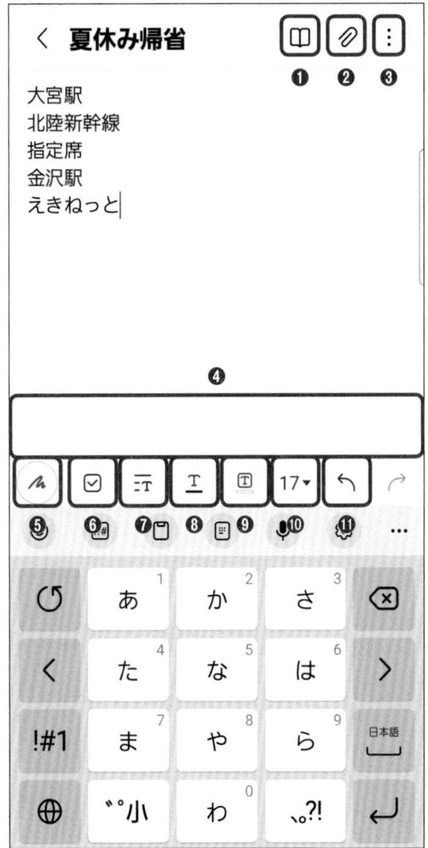

❶	閲覧モードと編集モードの切り替え	❻	チェックボックス挿入
❷	ファイル挿入	❼	テキストスタイル設定
❸	メニュー表示	❽	テキストカラー設定
❹	上方向にドラッグして次のブロック（ページスタイル個別ノート時）	❾	フォント背景設定
		❿	フォントサイズ設定
❺	手書き入力モード	⓫	元に戻す

6

ノートを編集する

1 編集したい作成済みのノートをタップします。

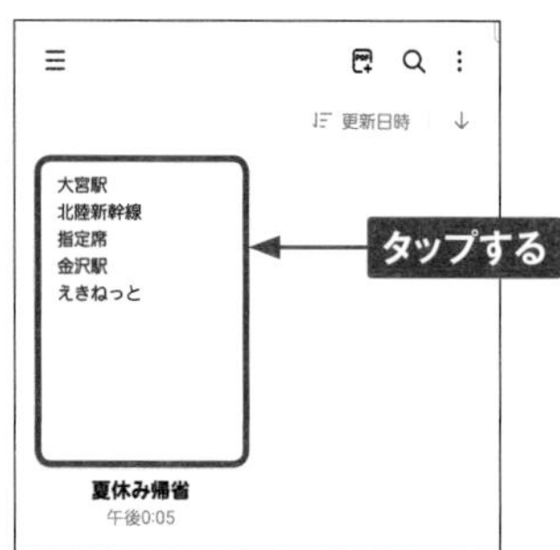

2 閲覧モードで表示されるので、をタップします。

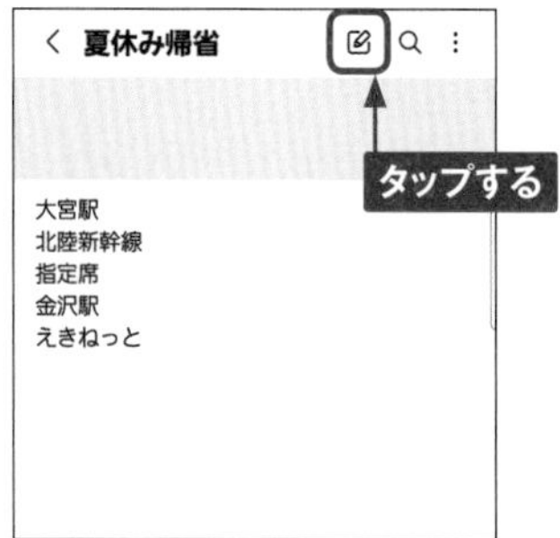

3 編集モードになります。

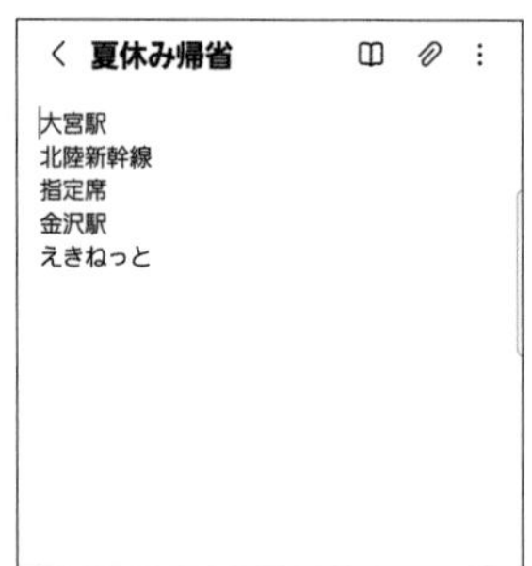

4 ノートに入力します。画面を上方向にドラッグします。

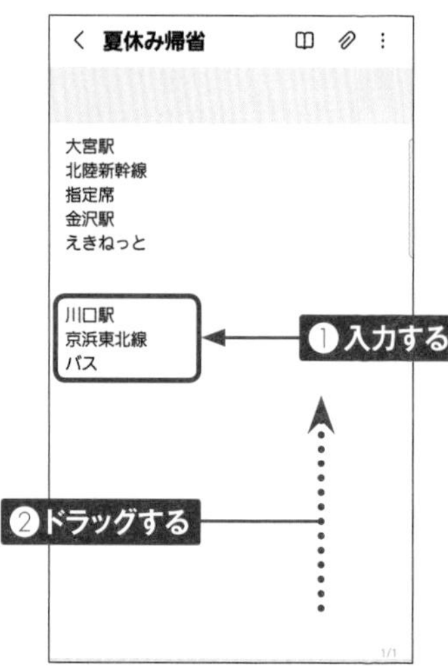

5 ページスタイルが「個別ページ」の場合、次のページが表示されます。

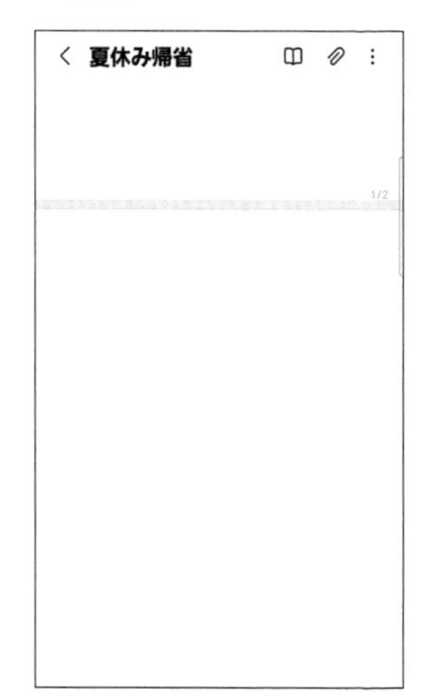

6 ページの順番を変更したい場合は、⋮をタップします。

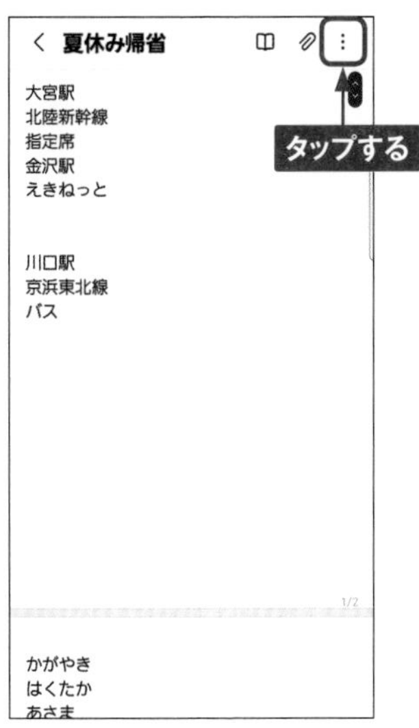

7 ［ページ並べ替え機能］をタップします。

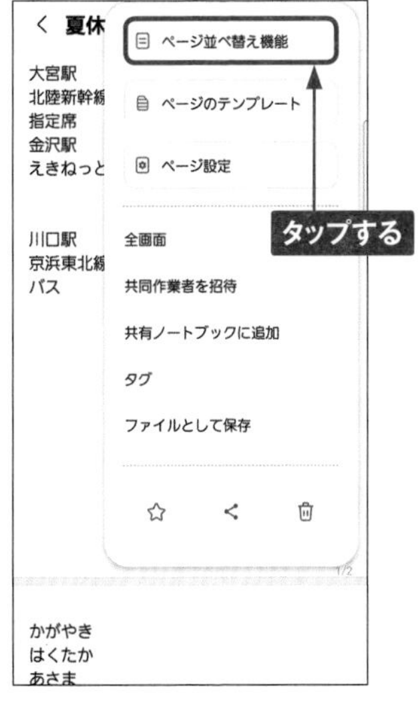

8 ページをドラッグして、並べ替えたい位置に移動します。移動が終了したら、×をタップします。

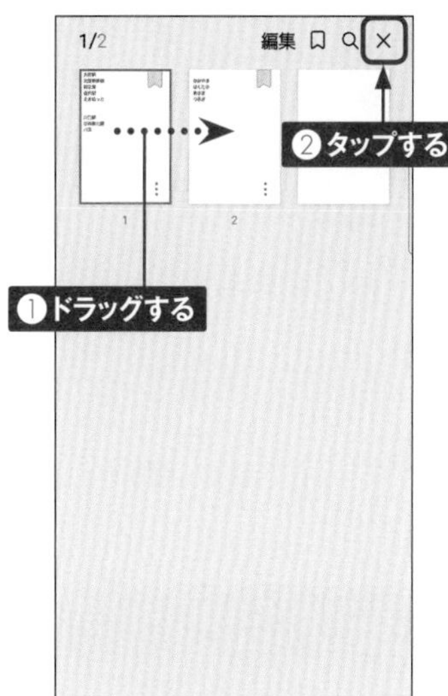

9 ページの削除などは、手順⑧の画面で各ページの⋮をタップして表示されるメニューから行うことができます。

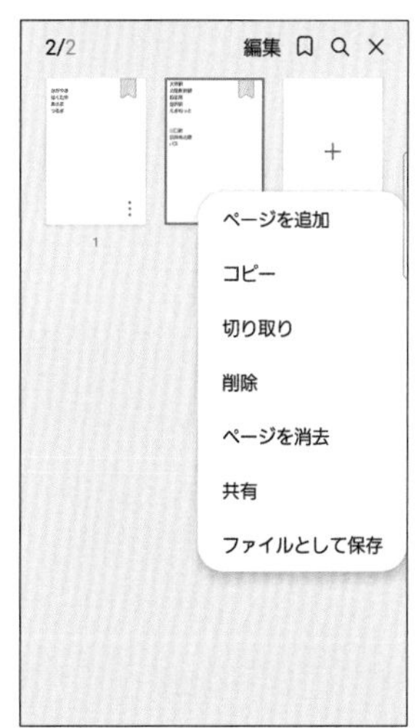

6

Section 45

スリープ時に情報を確認する

スリープ時にも時間や通知をディスプレイで確認できるAlways on Display機能を利用することができます。なお、Always on Displayを使用すると、わずかですがバッテリーを消費します。

通知を確認する

① スリープ状態で、画面をタップします。

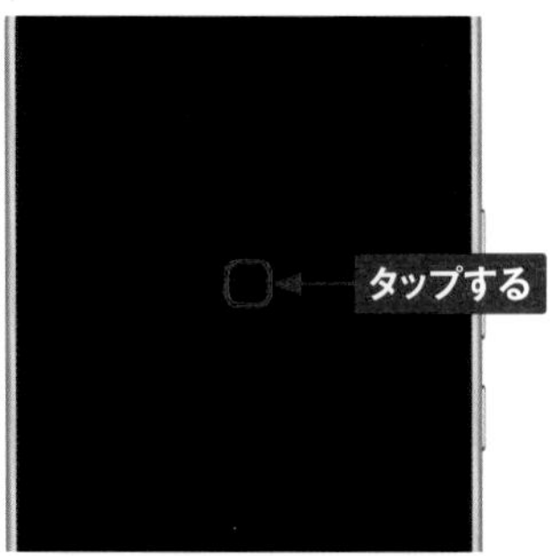

② 通知があれば、通知アイコンが表示されるので、アイコン（ここでは［ニュース］）をダブルタップします。

③ セキュリティロックが設定してある場合は、ロックを解除すると、通知のあったアプリが起動します。

MEMO　Always on Displayを常に表示する

Always on Displayは、標準でタップして表示になっています。P.129手順③の画面で、［常に表示］をタップすると、スリープ画面をタップしなくてもAlways on Displayが表示されるようになります。なお、常に表示でも、ポケットに入れているなど、上部のライトセンサーが一定時間覆われていると、Always on Displayの表示が消えます。

Always on Displayをカスタマイズする

1 「設定」アプリを起動し、[ロック画面]をタップします。

2 [Always on Display]の右の をタップして、有効・無効を切り替えることができます。[Always on Display]をタップします。

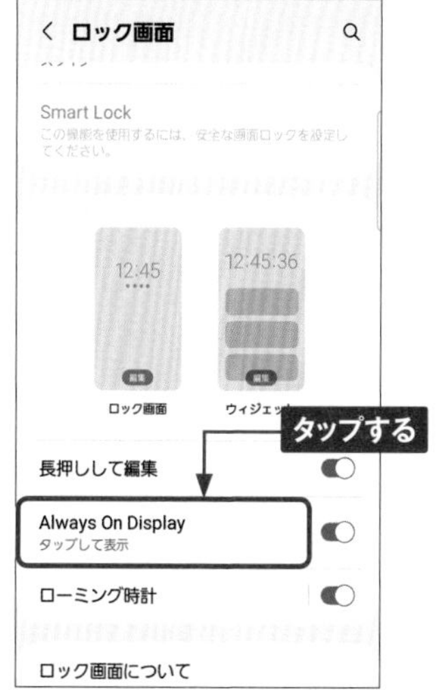

3 Always on Displayの表示タイミングや向きなどを、変更することができます。

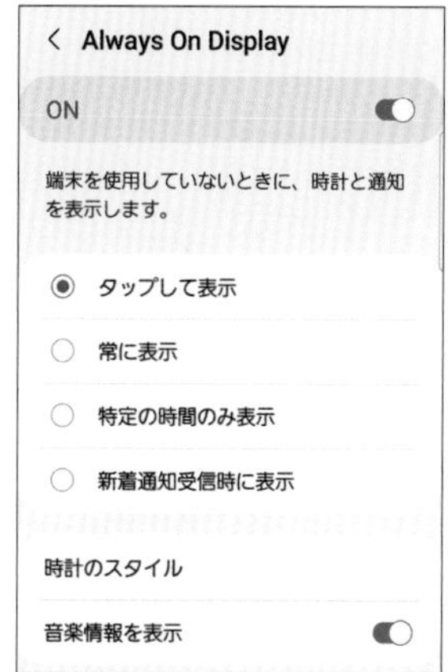

4 なお、Always on Displayに表示する時計のスタイルは、手順③の画面で、[時計のスタイル]をタップして設定することができます。

6

Section 46

エッジパネルを利用する

エッジパネルは、どんな画面からもすぐに目的の操作を行える便利な機能です。よく使うアプリを表示したり、ほかの機能のエッジパネルを追加したりすることもできます。

エッジパネルを操作する

1 エッジパネルハンドルを画面の中央に向かってスワイプします。

2 「アプリ」パネルが表示されます。アプリのアイコンをタップすると、アプリが起動します。パネル以外の部分をタップするか、くをタップします。

3 パネルの表示が消え、もとの画面に戻ります。

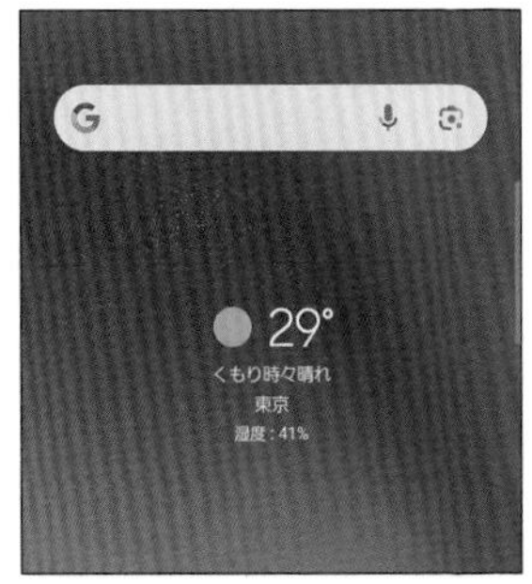

MEMO **エッジパネルハンドルの場所を移動する**

標準ではエッジパネルハンドルは、画面の右側面上部あたりに表示されていますが、ロングタッチしてドラッグすることで、上下や左側面に移動することができます。また、[設定]→[ディスプレイ]→[エッジパネル]→[ハンドル]の順にタップすると、色の変更などもできます。

6

「アプリ」パネルをカスタマイズする

① 「アプリ」パネルを表示して、✎をタップします。

② 「アプリ」パネルから削除したいアプリの－をタップします。なお、上半分に表示されるアプリは最近使ったアプリで、変更することはできません。

③ アプリが削除されました。アプリを追加したい場合は、左の画面で追加したいアプリをロングタッチします。

④ そのまま追加したい場所へドラッグします。

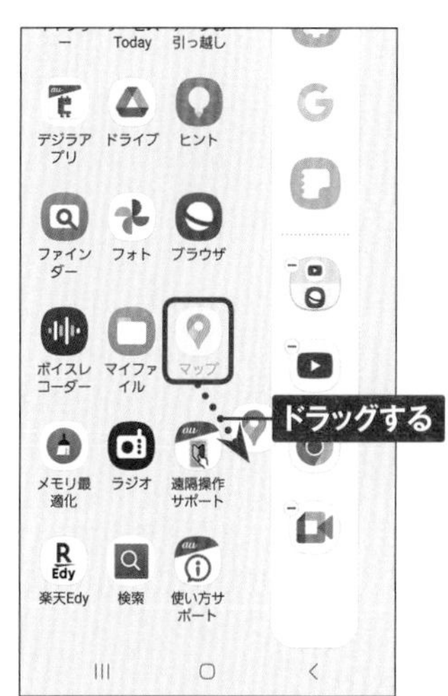

6

5 アプリが追加されました。アプリフォルダを作成したい場合は、アプリアイコンの上に別のアプリをドラッグします。

6 アイコンから指を離すと、フォルダ画面が表示されます。[フォルダ名] をタップして、フォルダ名を入力します。

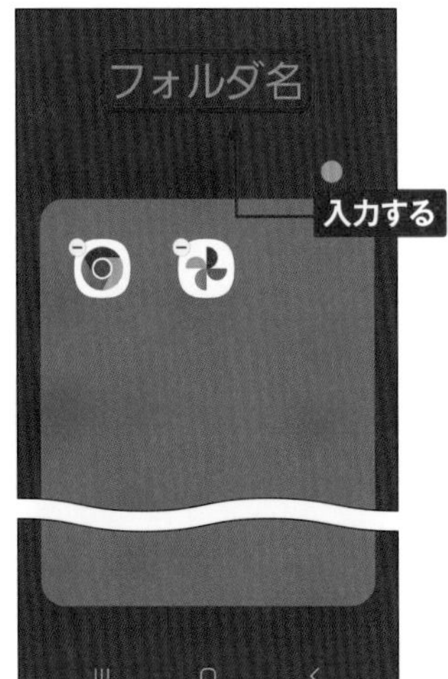

7 [<]をタップします。

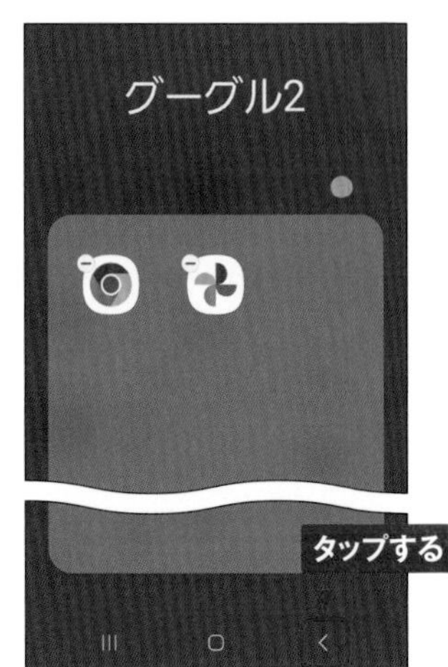

8 フォルダが作成されます。[<]をタップすると、「アプリ」パネルの画面に戻ります。

別のパネルを追加する

① エッジパネルを表示した直後に表示される⚙をタップします。

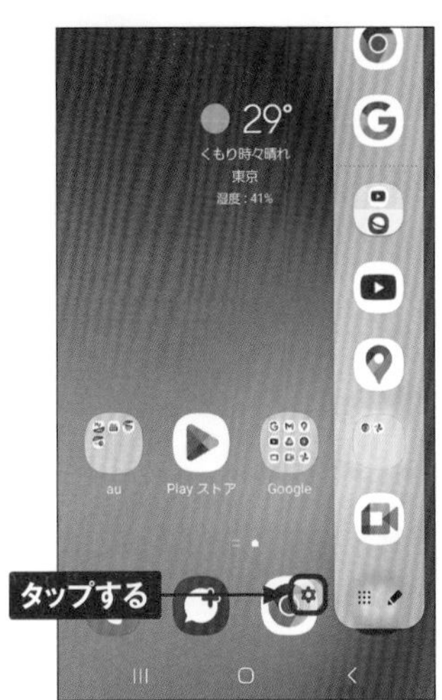

② インストールされているエッジパネルが表示されます。✓をタップしてパネルの表示／非表示を切り替えられます。画面を左方向にスワイプします。

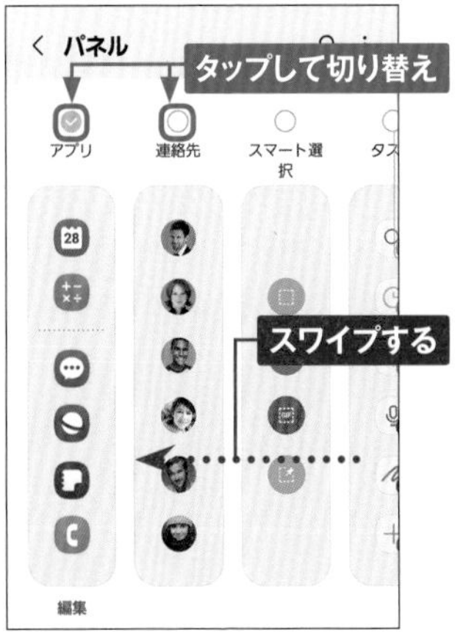

③ その他にインストールされているエッジパネルが表示されます。複数のエッジパネルを使用している場合は、P.130手順②の画面で、画面を左右にスワイプすると、パネルが切り替わります。

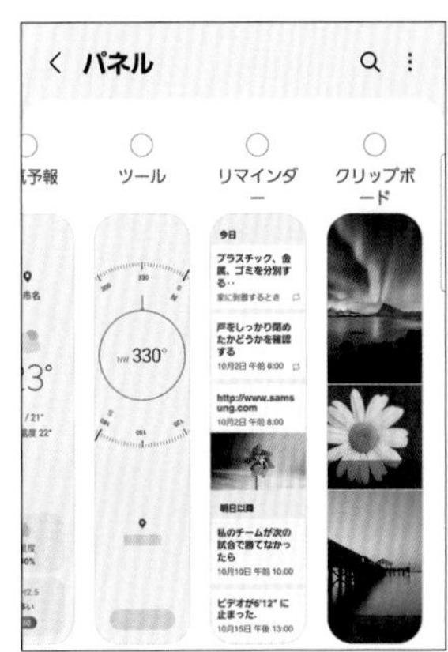

④ 手順③の画面で、画面下部の［Galaxy Store］をタップすると、標準以外のパネルをダウンロードして追加することができます。

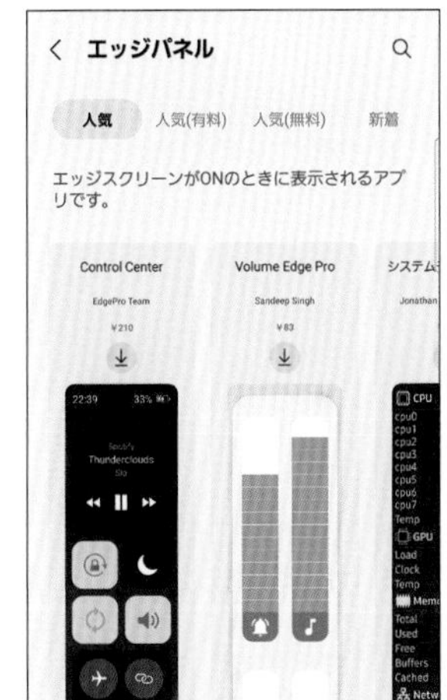

6

Section 47

アプリを分割画面やポップアップで表示する

Application

1画面に2つのアプリを分割表示したり、アプリ上に他のアプリをポップアップ表示したりすることができます。一部アプリはこの機能に対応していませんが、設定で可能になる場合があります。

分割画面を表示する

① いずれかの画面で、履歴ボタンをタップします。

② 履歴一覧が表示されるので、分割画面の上部に表示したいアプリのアイコン部分をタップします。

③ [分割画面表示で起動] をタップします。

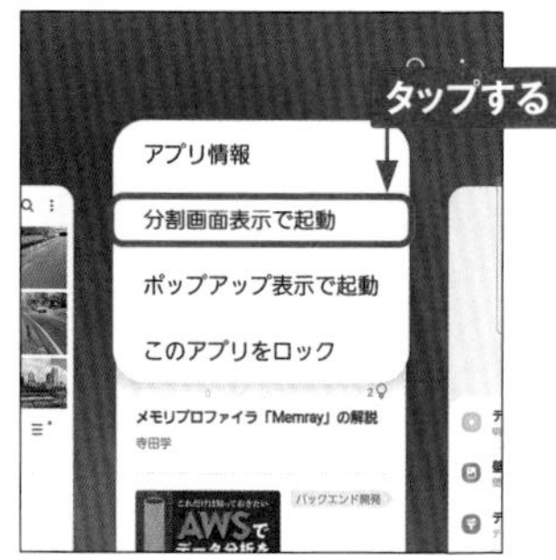

④ 次に、「分割画面アプリを選択」欄で分割画面の下部に表示したいアプリをタップします。

6

5 上下に選択したアプリが表示されます。各表示範囲をタップすると、そのアプリを操作できます。━をドラッグします。

6 表示範囲が変わりました。下部のアプリをタップして、＜をタップします。

7 下部のアプリが終了します。

対応していないアプリで利用する

一部アプリは、分割画面やポップアップ表示（P.137参照）に対応していませんが、「設定」アプリで、［便利な機能］→［ラボ］の順にタップし、［全てのアプリでマルチウィンドウ］を有効にすると、ほとんどのアプリで利用できるようになります。ただし、画面表示が最適化されないので、使いづらい場合があります。

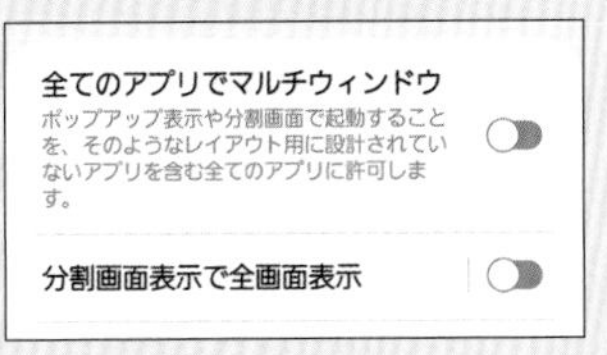

分割画面のセットを「アプリ」パネルに登録する

① P.134 ～ 135を参考に、分割画面を表示します。▭をタップします。

② アイコンが表示されます。⇅をタップします。

③ 分割画面の上下が入れ替わります。▭をタップして、☆をタップします。表示された「アプリペアの追加先」で［アプリパネル］をタップします。

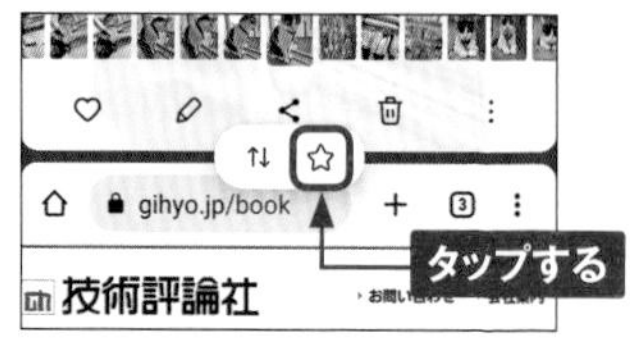

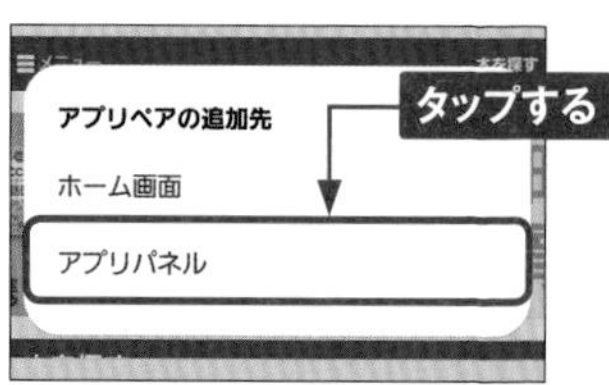

④ 分割画面のセットが、エッジパネルの「アプリ」パネルに登録されます。なお、手順③で［ホーム画面］をタップすると、ホーム画面に登録されます。以降、「アプリ」パネルからタップするだけで、2つのアプリを分割画面で表示することができます。

アプリをポップアップ表示する

① P.134手順③の画面で、[ポップアップ表示で起動]をタップするか、「アプリ」パネルのアイコンを画面中央付近にドラッグします。

② この画面になったら、アイコンから指を離します。

③ アプリがポップアップで起動します。━をドラッグして位置を移動することができます。━をタップします。

④ アイコンが表示されます。アイコンをタップして、操作をすることができます。

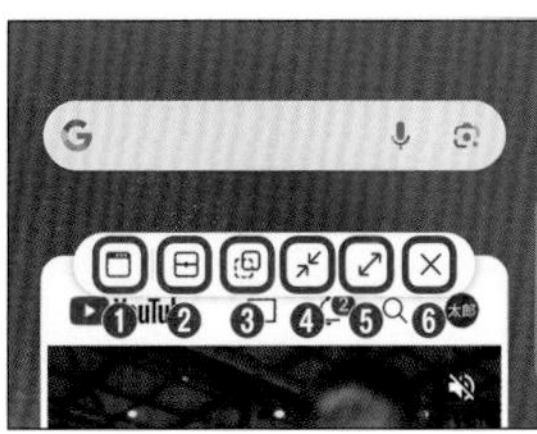

❶	メニューアイコンの表示／非表示を切り替えます。
❷	他のアプリを起動中に別のアプリをポップアップ表示している場合、分割画面表示にできます。
❸	ポップアップ画面の透過度を設定します。
❹	画面を最小化します。
❺	画面を全画面表示にします。
❻	ポップアップ表示を終了します。

Section 48

ファイルを管理する

Application

本体内部などのファイルを管理する「マイファイル」アプリが利用できます。このアプリから、どんなデータが容量が大きいのか確認したり、不要なデータを削除したりすることができます。

マイファイルを利用する

6

① 「アプリ一覧」画面で、[Samsung] → [マイファイル] とタップします。

② 「マイファイル」アプリが起動します。ここでは、[内部ストレージ] をタップします。

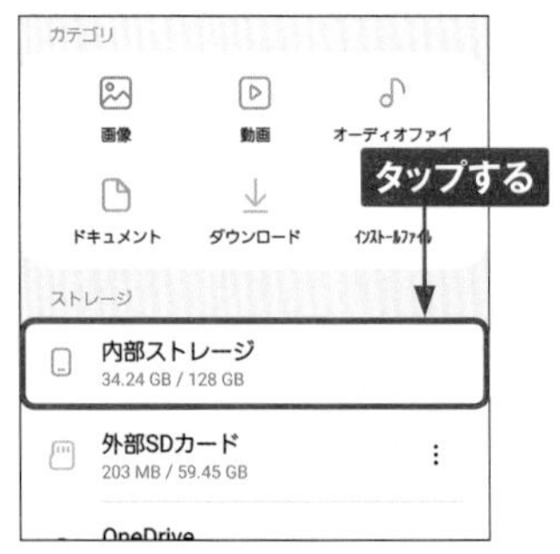

③ 本体内のデータが入ったフォルダが表示されます。フォルダをタップすると、中を確認することができます。

④ 手順②の画面で、「カテゴリ」欄の項目をタップすると（ここでは [画像]）、種類別にファイルが表示されます。

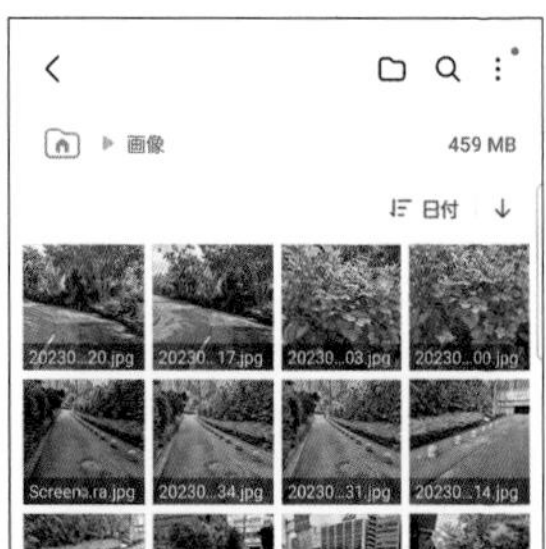

ストレージの分析をする

① P.138手順②の画面の最下部にある、［ストレージを分析］をタップします。初回は、［設定］→［マイファイル］の順にタップし、［マイファイル］アプリに許可を与えます。

② ファイルの種類ごとに容量が表示されます。上方向にスワイプします。

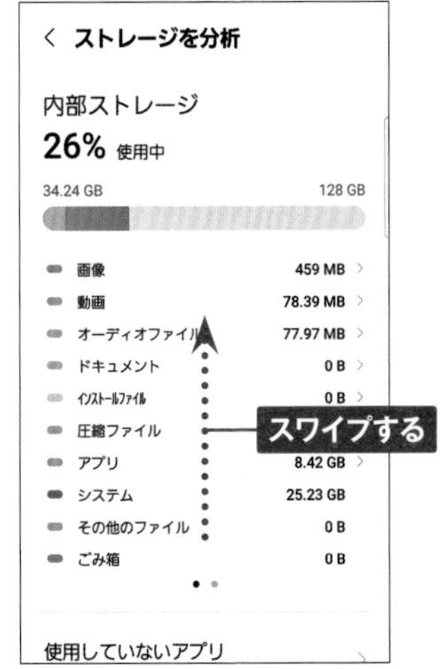

③ ［大きいサイズのファイル］をタップします。

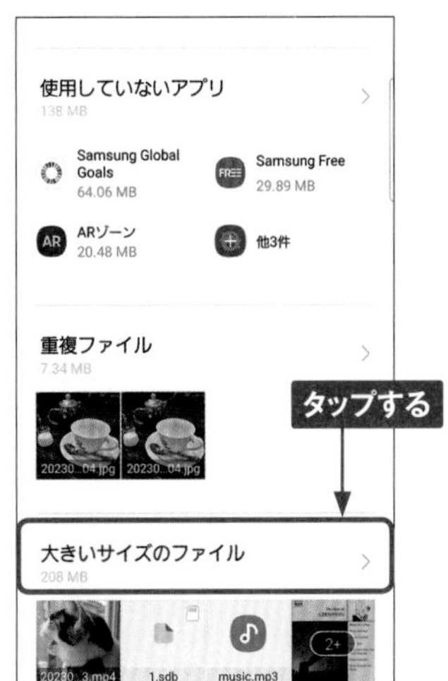

④ 容量が大きいファイルを選択して削除することができます。

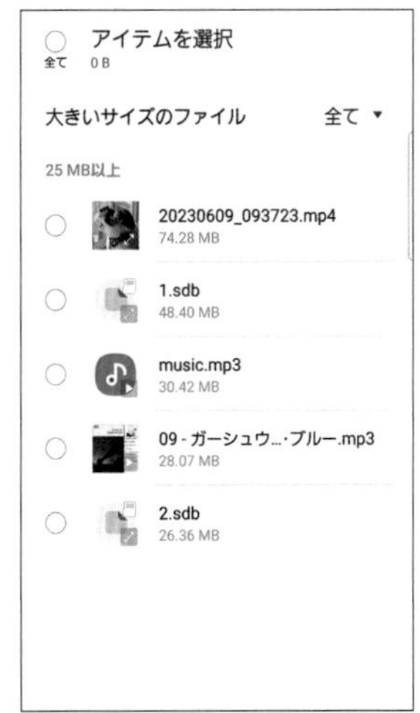

6

Section 49

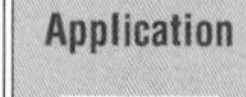

日々の操作を自動化する

たとえば、会社に着いたら消音モードにして、通知を非表示にするというような設定を毎回行っているなら、「モードとルーチン」を利用して自動化してみましょう。

6

モードを利用する

1 「アプリ一覧」画面で［設定］をタップし、［モードとルーチン］をタップします。

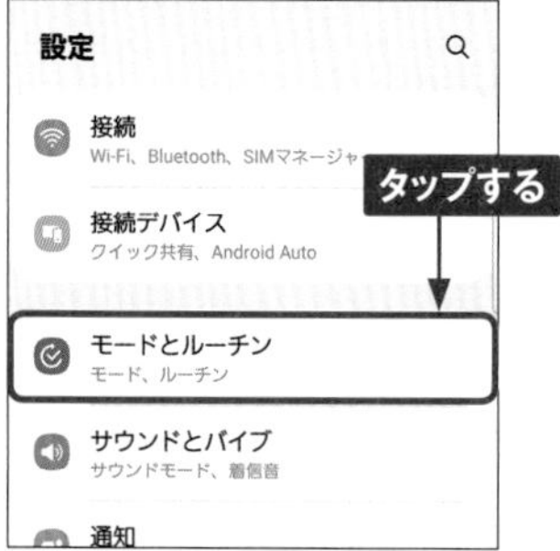

2 条件や設定に答えるだけで、自動化が設定できる「モード」画面が表示されます。ここでは、［睡眠］をタップします。

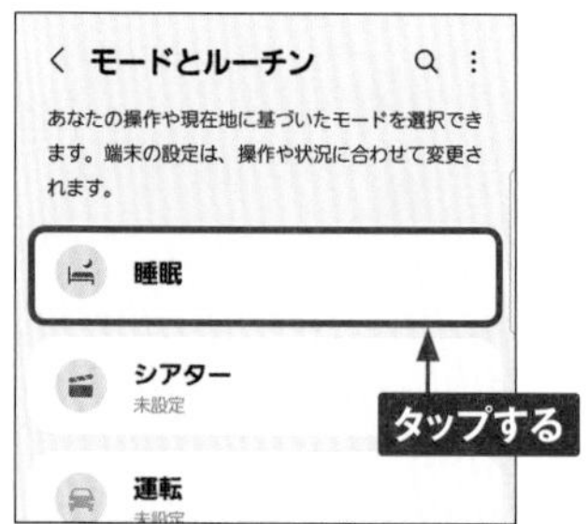

3 モードの内容を設定します。［開始］をタップします。

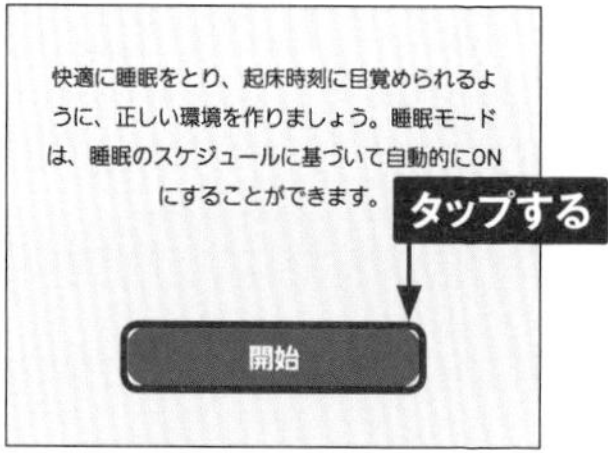

4 開始条件を設定します。睡眠時間を設定し、曜日を設定して、［次へ］をタップします。

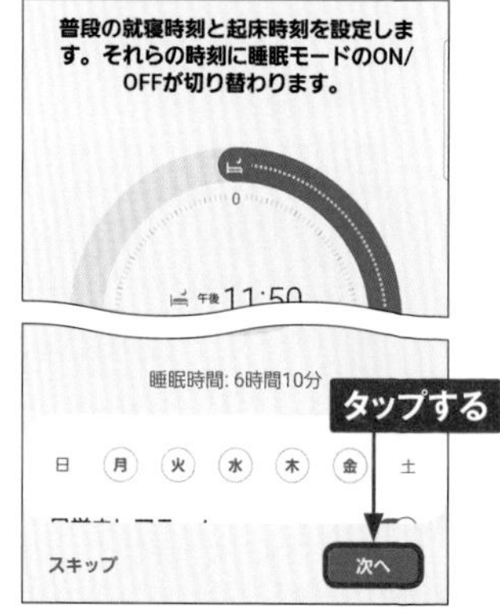

5 通知を設定します。各項目を設定して、［次へ］をタップします。

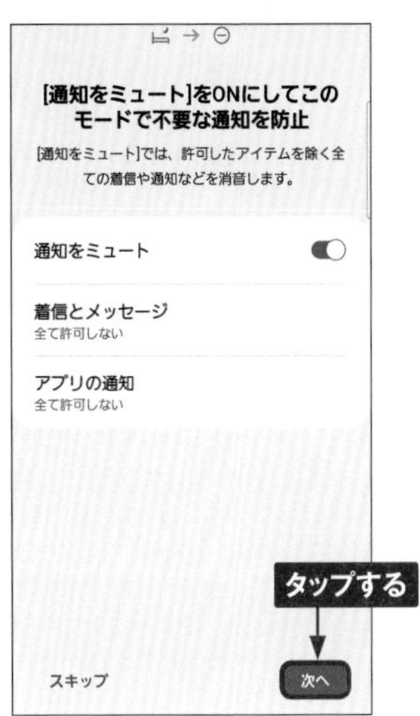

6 画面などを設定します。各項目を設定して、［完了］をタップします。

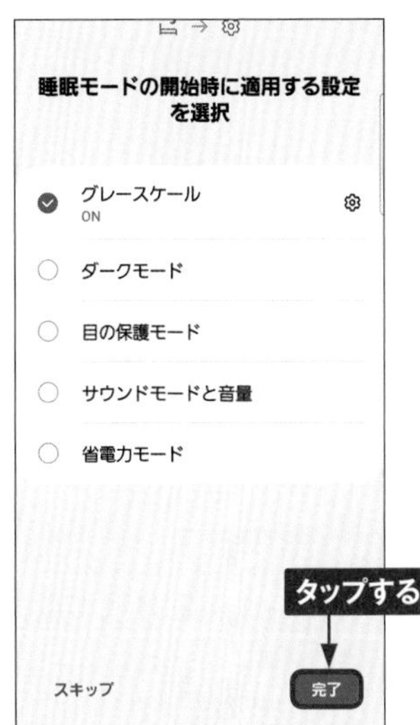

7 最後に設定を確認して、［ON］をタップすると、有効になります。無効にする場合は、P.140手順②の画面を表示して、［睡眠］→［OFF］をタップします。

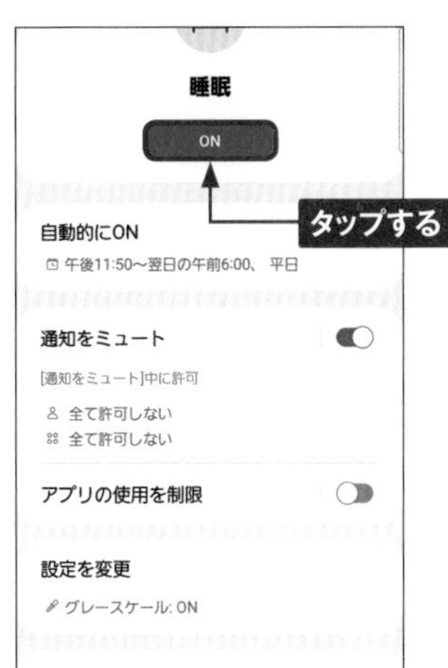

ルーチンを作成する

いろいろな条件や設定を自分で指定するオリジナルの「モード」（ルーチン）を作成する場合は、P.140手順②の画面で、［ルーチン］をタップし、＋をタップします。「条件」と「実行内容」を作成追加して保存します。

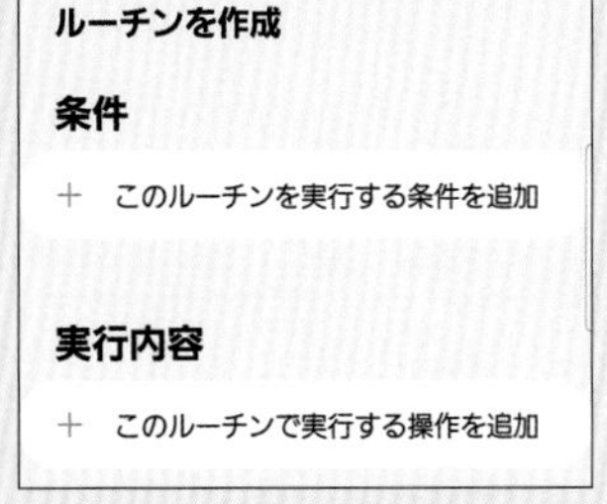

Section 50

画面ロックに暗証番号を設定する

A54は、「ロックNo.（PIN）」を使用して画面にロックをかけることができます。ロックNo.は、あとから変更することもできます（P.143MEMO参照）。

画面ロックに暗証番号を設定する

6

① アプリ一覧画面で［設定］をタップし、［ロック画面］をタップします。

② ［画面ロックの種類］→［PIN］とタップします。「PIN」とは画面ロックの解除に必要な暗証番号のことです。

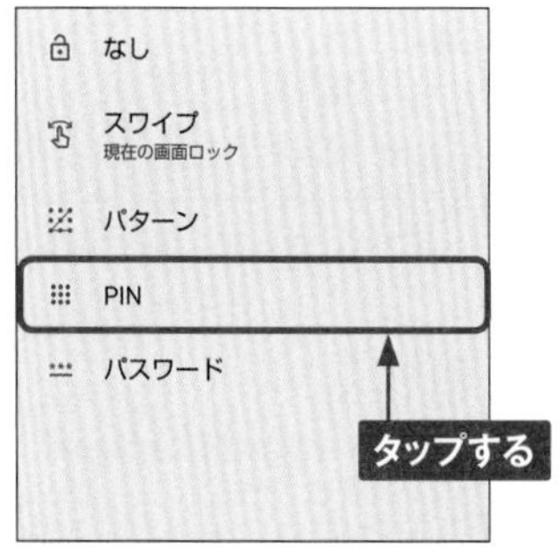

③ 4桁以上の数字を入力し、［続行］をタップして、次の画面でも再度同じ数字を入力し、［OK］をタップします。［OKのタップなしでPINを認証］にチェックをつけると、P.143手順③で暗証番号を入れるだけでロックが解除されます。

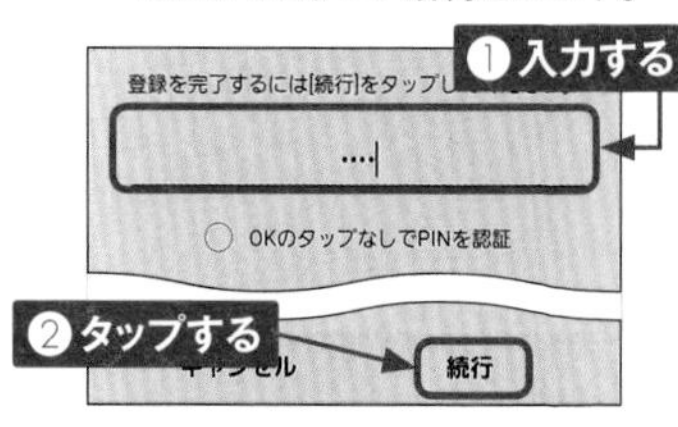

④ ロック時の通知についての設定画面が表示されます。表示する内容をタップしてオンにし、［完了］をタップすると、［リモートロック解除］に関しての確認が表示されるので、［キャンセル］か「ON」をタップします。

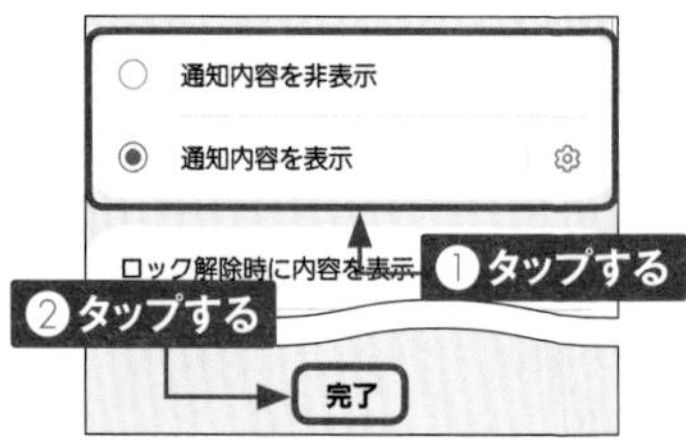

暗証番号で画面のロックを解除する

1 スリープモード（Sec.02参照）の状態で、サイドキーを押します。

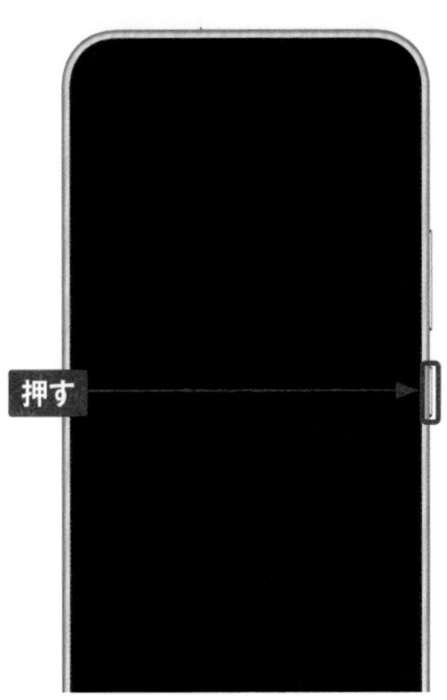

2 ロック画面が表示されます。上にスワイプします。

3 P.142手順③で設定した暗証番号（ロックNo.（PIN））を入力して、［OK］をタップすると、画面のロックが解除されます。

MEMO 暗証番号の変更

設定した暗証番号を変更するには、P.142手順①で［ロック画面］→［画面ロックの種類］とタップし、現在の暗証番号を入力して［続行］をタップします。表示される画面で［PIN］をタップすると、暗証番号を再設定できます。初期状態に戻すには、［スワイプ］→［削除］の順にタップします。

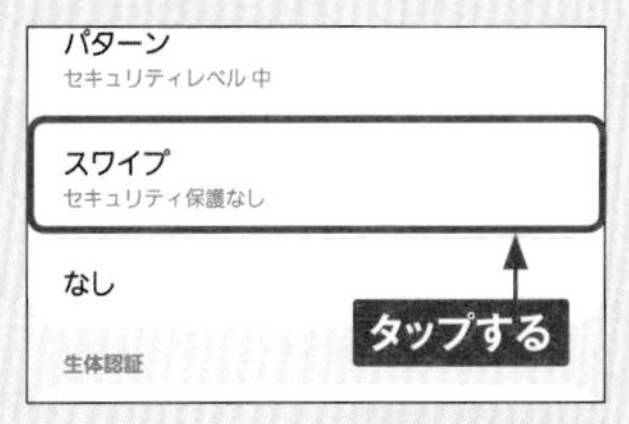

Section 51

指紋認証で画面ロックを解除する

A54は、指紋センサーを使用してスリープモードや画面ロックを解除することができます。指紋認証の場合は、予備の解除方法を併用する必要があります。

指紋を登録する

① P.142手順②の画面で、[画面ロックの種類] をタップします。

② [指紋認証] をタップします。続いて [続行] → [次へ] とタップします。

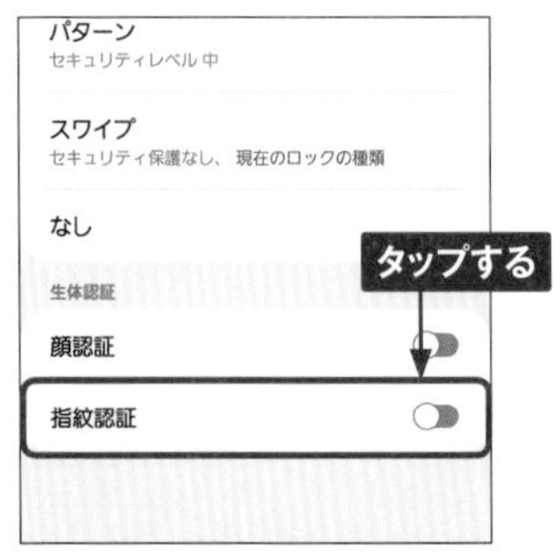

③ ロック解除を設定していない場合は、解除方法を選んで設定します（ここでは [PIN] をタップしています)。

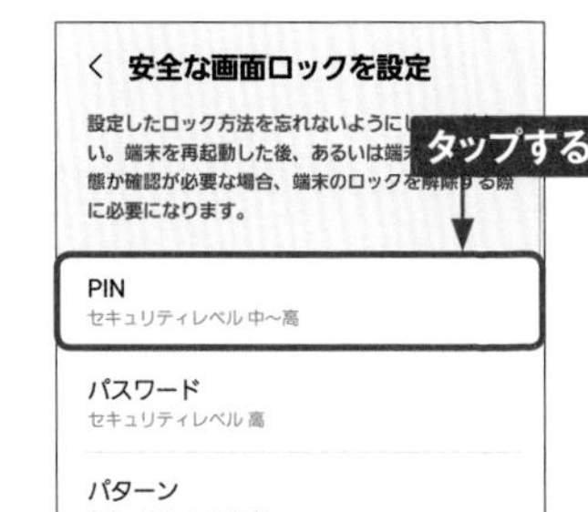

④ P.142手順③を参考に、PINを設定します。

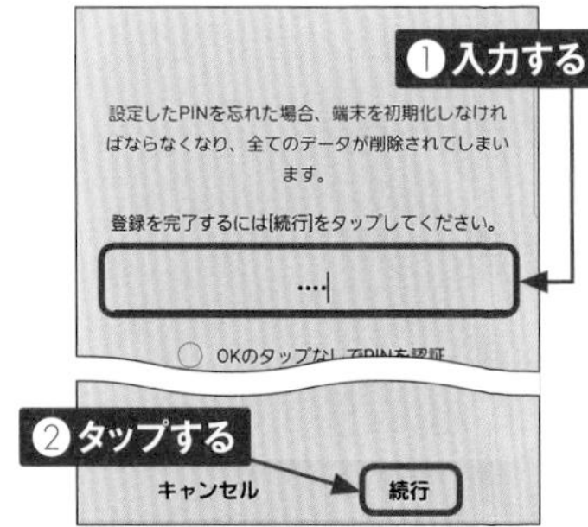

5 ［登録］をタップします。画面下部の指紋部分に指を置いて指紋をスキャンします。

6 指紋のスキャンが終わったら［完了］をタップします。

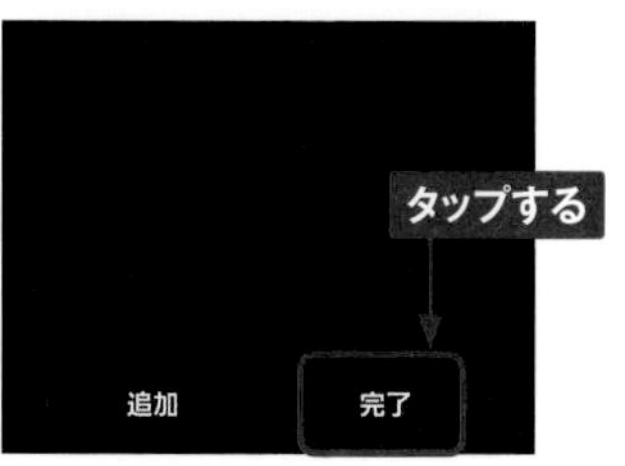

7 必要な通知を設定して［完了］をタップします。［リモートロック解除］についての画面が表示されたら、［キャンセル］か［OK］をタップします。

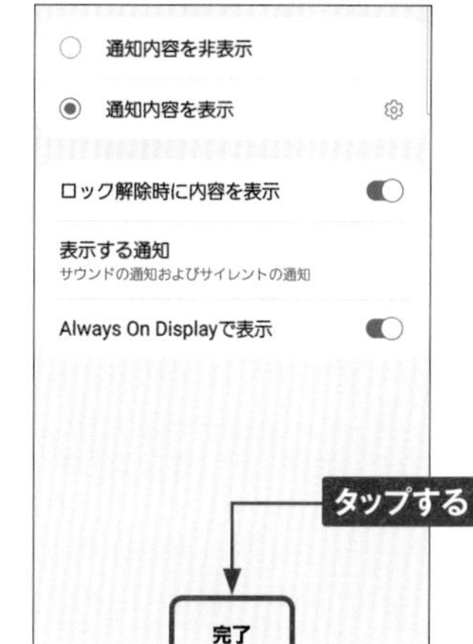

指紋認証を利用する

1 スリープ状態で画面をタップすると、センサーアイコンが表示されます。センサーアイコンに登録した指で触れるとロックが解除されます。

2 スリープ時もしくは手順①の画面で画面をダブルタップすると、ロック画面が表示され、センサーアイコンが表示されます。この画面からもロックを解除できます。

6

Section 52

顔認証で画面ロックを解除する

A54では、顔認証を利用してロックの解除などを行うこともできます。なお、顔の登録のときにはメガネやマスク、帽子など、顔を覆っているものは装着しないようにしましょう。

顔データを登録する

1 P.142手順②の画面で[画面ロックの種類]→[顔認識]をタップします。

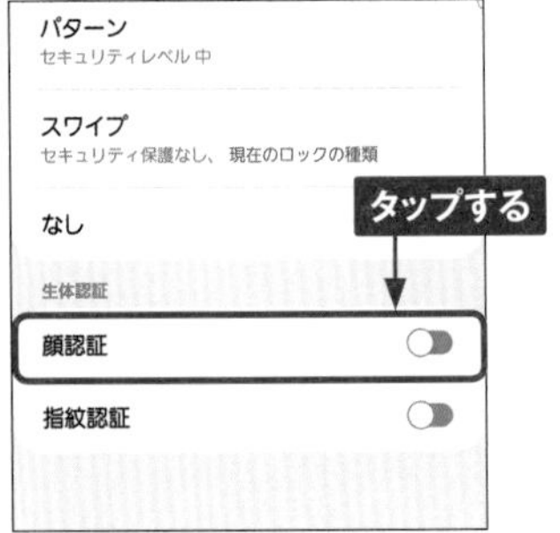

2 [続行]→[次へ]をタップします。

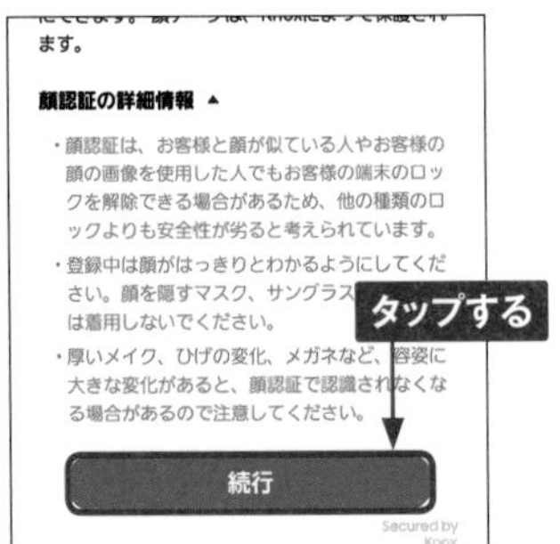

3 ロック解除を設定していない場合は、P.142手順③を参考にPINを設定します。顔の登録がはじまります。

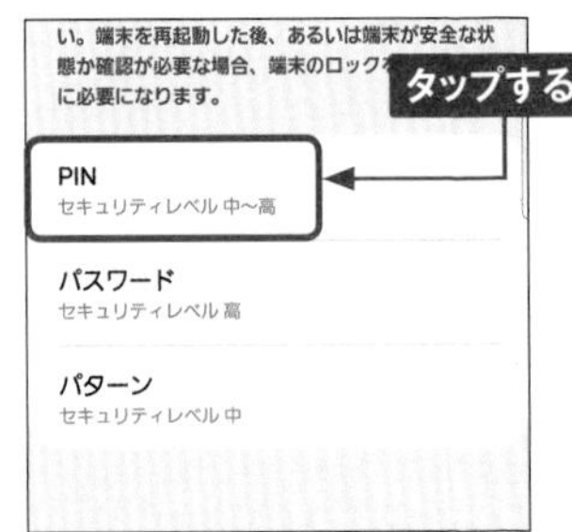

4 顔の登録が終わりました。「顔認証設定」画面で各設定を確認して[完了]をタップします。

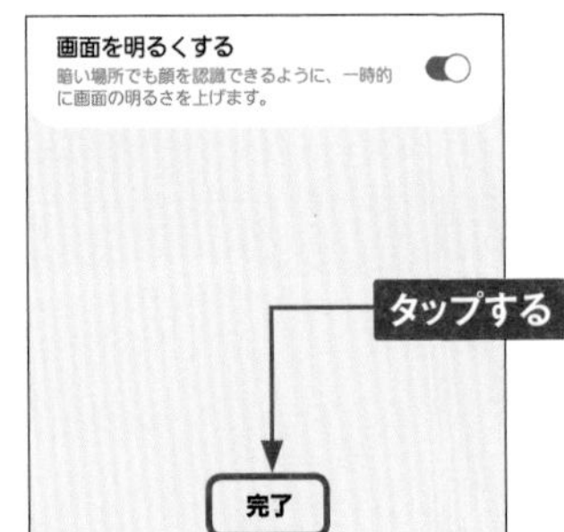

5 「ロック画面の通知」を確認して［完了］をタップすると設定終了です。［リモートロック解除］についての表示が出たら、［キャンセル］か［ON］をタップします。

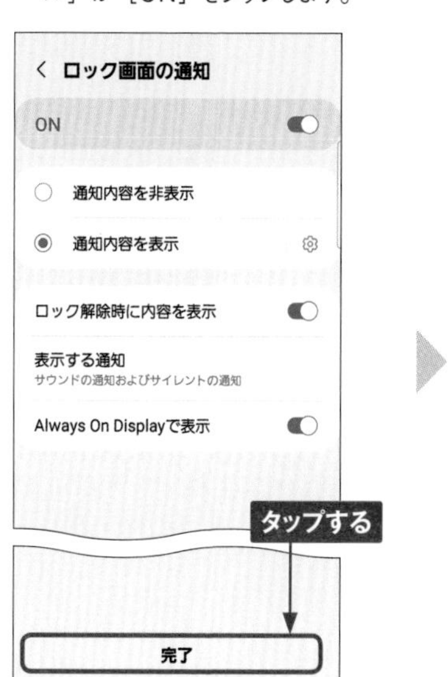

6 顔認証登録されていれば、ロック画面で自動で顔認証され、鍵が開きます。あとは、スワイプすればホーム画面が表示されます。

顔データの削除

顔データは1つしか登録できないため、顔データを更新したい場合は、前のデータを削除する必要があります。顔データを削除したい場合は、「画面ロックの種類」の画面で、［スワイプ］か「なし］をタップして、［データを削除］をタップします。

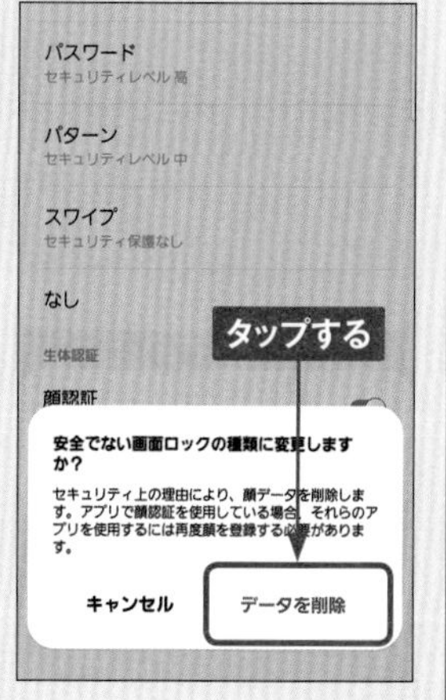

6

Section 53

画面をキャプチャする

画面をキャプチャして、画像として保存します。キャプチャした画像は、A54の［DCIM］－［Screenshots］フォルダに保存され、「ギャラリー」アプリなどで利用することができます。

画面をキャプチャする

1 キャプチャしたい画面を表示して、音量キーの下側とサイドキーを同時に素早く押します。

2 画面の下部にサムネイルとアイコンがしばらく表示されて、画面がキャプチャされます。

3 Webページなど、表示されていない画面下の部分までキャプチャしたいときは、手順②の画面で をタップします。タップするたびに画面がスクロールして、長い画像としてキャプチャできます。

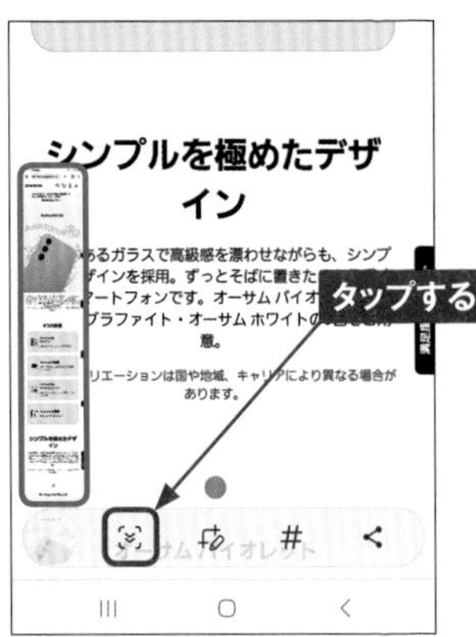

MEMO スワイプキャプチャ

手の側面で画面を横切るように、左右どちらかにスワイプして、画面をキャプチャすることができます。

6

キャプチャした画面を編集する

1 画面をキャプチャすると、下部にメニューが表示されます。をタップするとWebページなどの表示範囲外の部分もキャプチャできます。

2 ここでは、キャプチャ画面に指で描き込みをしてみましょう。をタップします。

3 表示されたキャプチャ画面に、指で描き込みをします。

4 をタップすると、「DCIM」フォルダの「Screenshots」フォルダに保存されます。

Section 54

セキュリティフォルダを利用する

A54には、他人に見られたくないデータやアプリを隠すことができる、セキュリティフォルダ機能があります。なお、利用にはSamsungアカウント（Sec.42参照）が必要です。

セキュリティフォルダの利用を開始する

① 「設定」アプリを起動し、［セキュリティおよびプライバシー］→［セキュリティフォルダ］の順にタップします。

② セキュリティフォルダ利用にはSamsungアカウントが必要です。［続行］を何度かタップすると、セキュリティフォルダが作成されます。

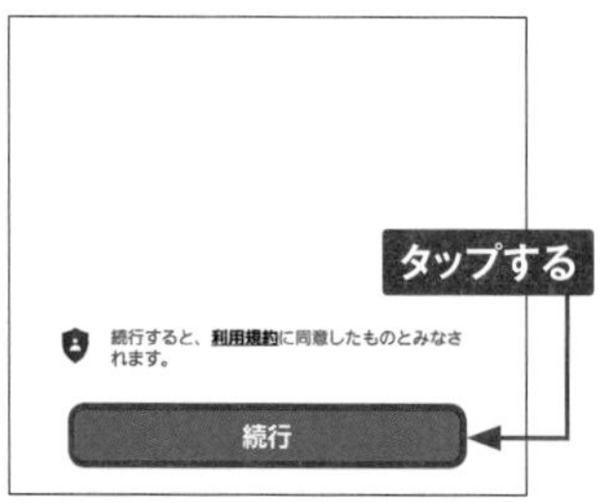

③ セキュリティフォルダ用のセキュリティを選んで操作を進めると、セキュリティフォルダ画面が表示されます。

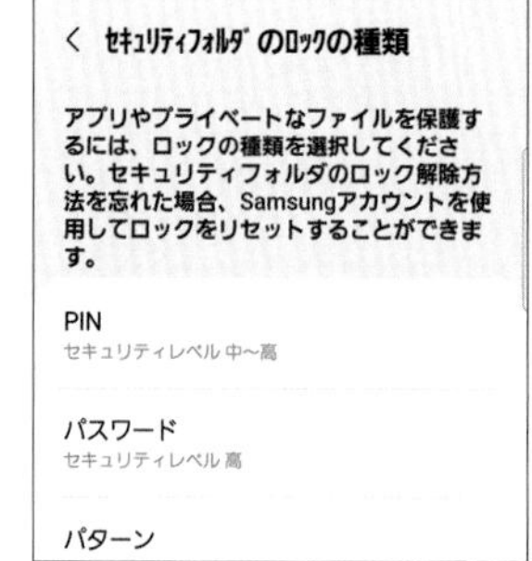

MEMO セキュリティフォルダのロック解除

セキュリティフォルダのロック解除は、ロック画面の解除に利用する画面ロックの種類とは別の種類を設定できます。また、たとえば両方で同じPINで解除する方法を選んでも、それぞれ別の数字を設定することができます。

6

セキュリティフォルダにデータ移動する

① P.150手順③の後、もしくは「アプリ一覧」画面で［セキュリティフォルダ］をタップすると、ロック解除後にこの画面が表示されます。⋮をタップして、［ファイルを追加］をタップします。

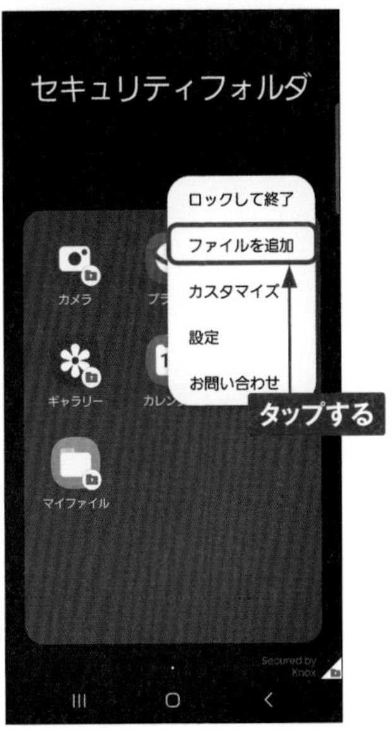

② 追加したいファイルの種類（ここでは［画像］）をタップします。

③ 画像の場合は［ギャラリー］が起動するので、セキュリティフォルダに移動したい画像をタップして選択します。［完了］をタップします。

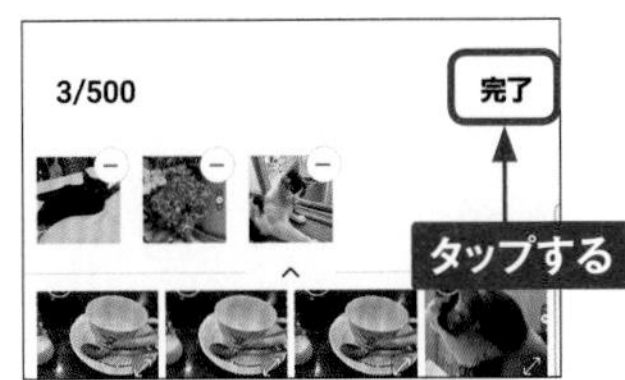

④ ［移動］または［コピー］をタップします。［移動］をタップすると、セキュリティフォルダ内のアプリからしか見ることができなくなります。

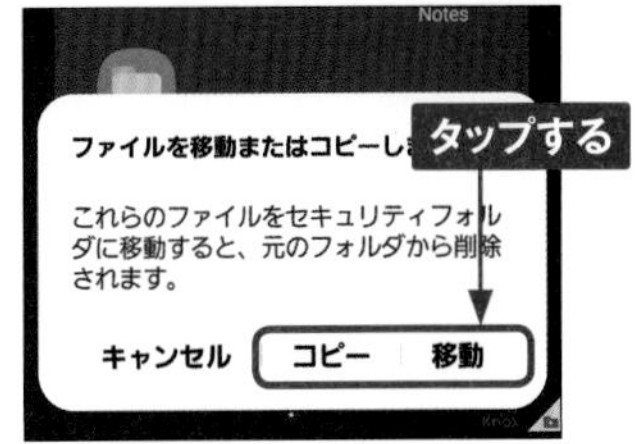

MEMO セキュリティフォルダ内のデータを戻す

セキュリティフォルダに移動したデータを戻すには、たとえば画像であれば、セキュリティフォルダ内の「ギャラリー」アプリで画像一覧を表示し、画像をロングタッチして選択します。［その他］をタップして、［セキュリティフォルダから移動］をタップします。ほかのデータも、基本的に同じ方法で戻すことができます。

セキュリティフォルダにアプリを追加する

① セキュリティフォルダにアプリを追加するには、セキュリティフォルダを表示して、＋をタップします。

② 追加したいアプリをタップして選択し、［追加］をタップします。

③ アプリが追加されました。セキュリティフォルダからアプリを削除したい場合は、アプリをロングタッチして、［アンインストール］をタップします。なお、最初から表示されているアプリは削除できません。

MEMO 複数アカウントで使用する

セキュリティフォルダに追加されたアプリは、通常のアプリとは別のアプリとして動作するので、別のアカウントを登録することができます。「アプリ一覧」画面でアプリをアンインストールしても、セキュリティフォルダ内のアプリはそのまま残ります。また、メッセージ系のアプリは、「設定」アプリの［便利な機能］→［デュアルメッセンジャー］で、同時に複数利用することができます。そのため、アプリによっては、同時に3つの別のアカウントを使い分けることも可能です。ただし、登録に電話番号が必要なアプリは、認証などで別の電話番号が必要になるため、同時利用はあまり現実的ではありません。

Chapter 7

A54を使いやすく設定する

Section 55

ホーム画面をカスタマイズする

ホーム画面は壁紙を変更したり、テーマファイルを適用して全体のイメージを変更したりすることができます。また、壁紙の色に合わせてアイコンなど全体の色を調整することもできます。

壁紙を写真に変更する

1 「設定」アプリを起動し、[壁紙とスタイル] をタップします。

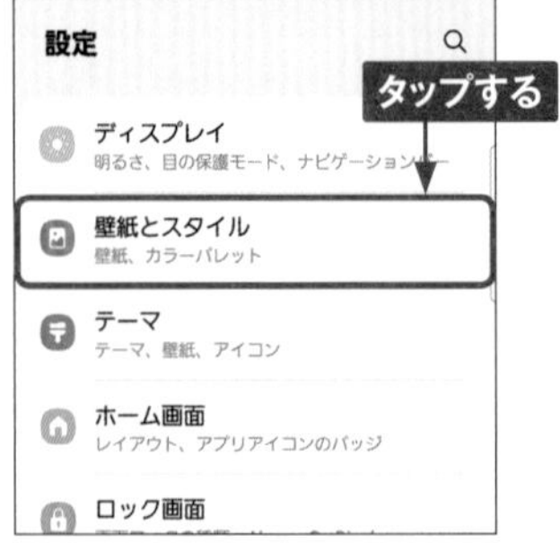

2 [壁紙を変更] をタップします。

3 ここでは自分で撮影した写真を壁紙にします。[ギャラリー] をタップします。ロック画面には動画を利用することもできます。[壁紙サービス] をタップすると、有料や無料で提供されている壁紙を検索することができます。

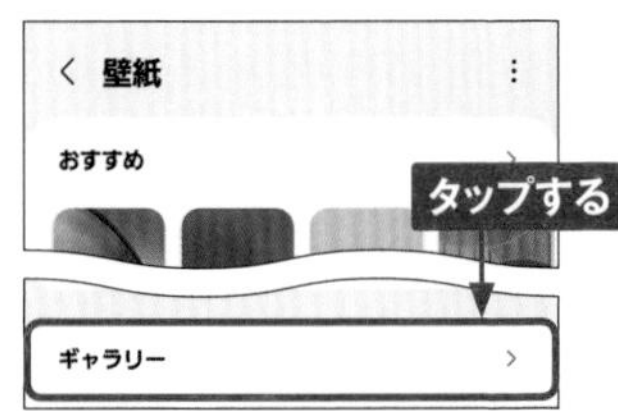

4 「ギャラリー」アプリが開くので、壁紙にしたい写真をタップして選択し、[完了] をタップします。

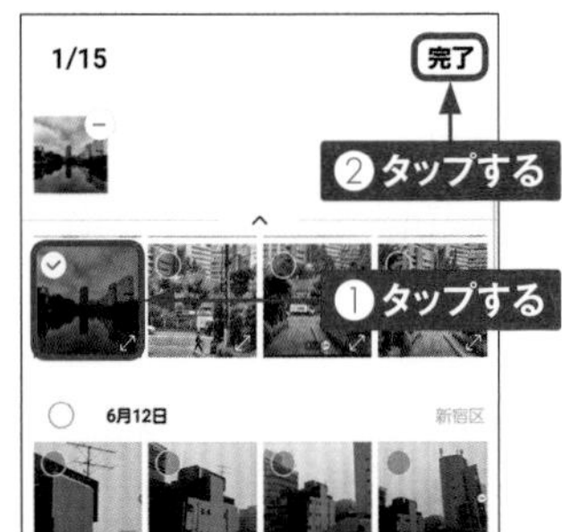

7

5 標準では、ロック画面とホーム画面の両方に反映されます。壁紙を変更したくない画面があれば、タップしてチェックを外します。[次へ] をタップします。

6 ロック画面のプレビューが表示されます。画面をドラッグすると、表示範囲を変更することができます。[ホーム] をタップします。

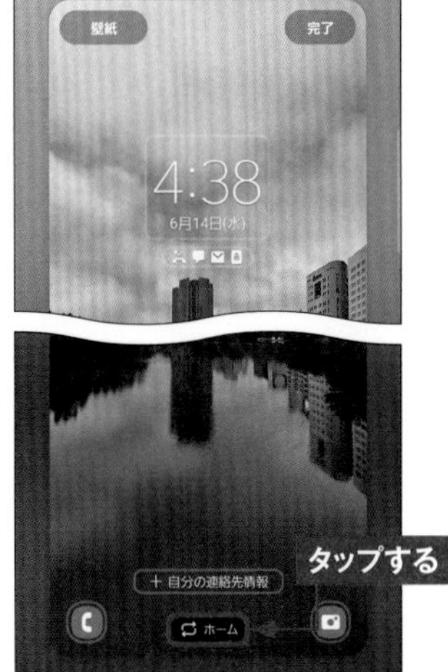

7 ホーム画面のプレビューが表示されます。[完了] をタップすると、変更した壁紙が反映されます。元に戻したい場合は、P.154手順③の画面で、[おすすめ] をタップして、最初の壁紙をタップします。

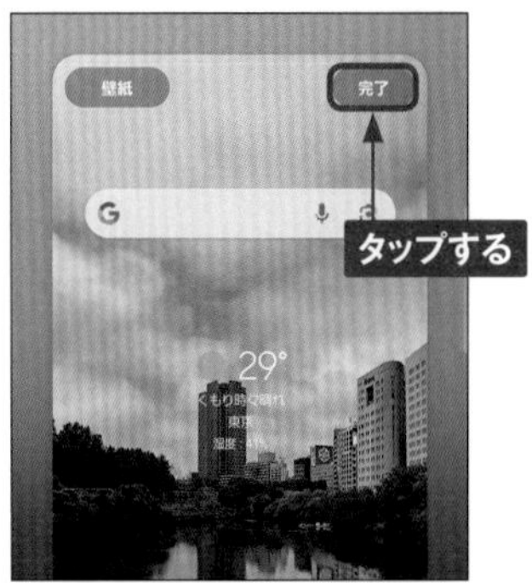

MEMO 壁紙に合わせて配色を変更する

P.154手順②の画面で、[カラーパレット] をタップすると、壁紙の色に合わせて、全体の配色を変更することができます。表示された画面で、[カラーパレット] をタップし、配色をタップして、[適用] をタップします。

7

テーマを変更する

1 「設定」アプリを起動し、[テーマ]をタップします。

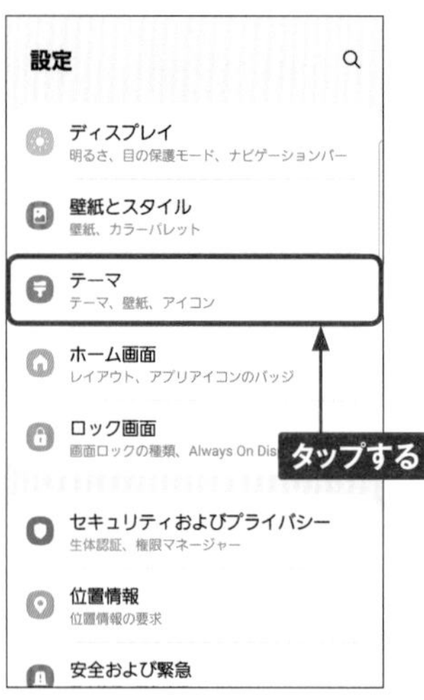

2 「おすすめ」のテーマが表示されます。上方向にスワイプすると、他のテーマを見ることができます。

3 [人気]をタップします。なお、下部の[アイコン]をタップすると、アイコンのみを変更することもできます。

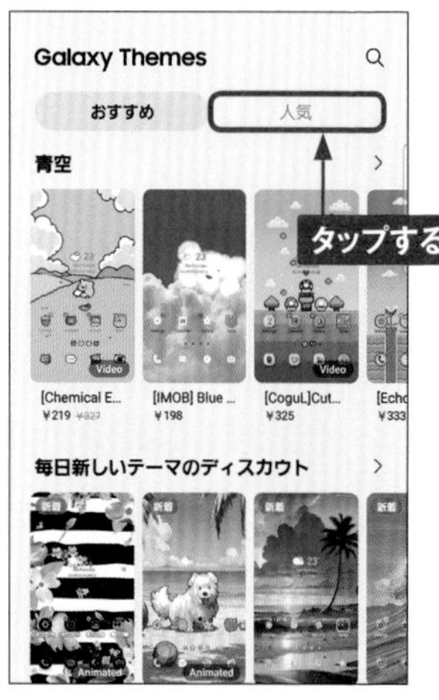

4 ここでは、[全て]をタップし、[無料]をタップします。

5 利用したいテーマをタップします。なお、テーマの利用にはSamsungアカウント（Sec.42参照）が必要です。

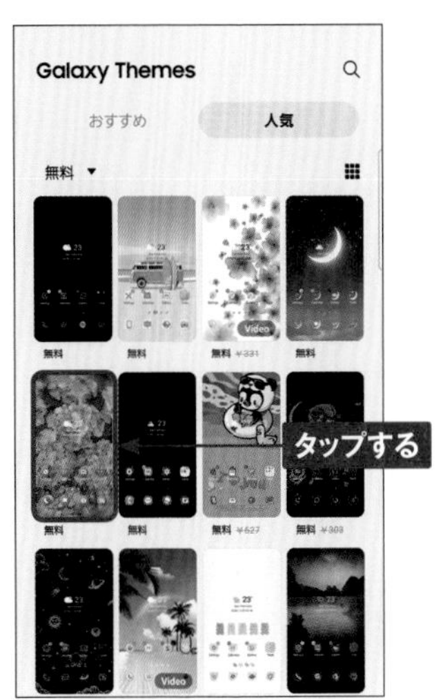

6 テーマを確認して、［ダウンロード］をタップします。

7 ダウンロードが終了したら、［適用］をタップします。

8 テーマが変更されました。元のテーマに戻すには、P.156手順②の画面で［メニュー］→［マイコンテンツ］→［テーマ］をタップして、［標準］をタップします。

7

Section 56

ロック画面をカスタマイズする

ロック画面に表示される、時計や通知アイコン、アプリのショートカットは、変更することができます。また、ロック画面に表示されるウィジェットを選択することも可能です。

ロック画面の要素を変更する

1 「設定」アプリを起動し、[ロック画面]→[ロック画面]の順にタップします。

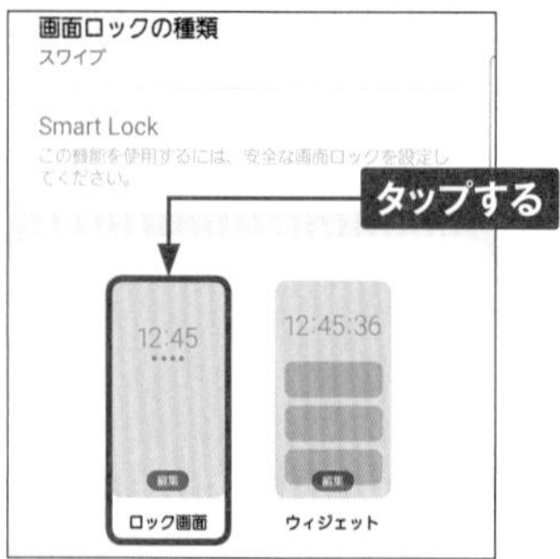

2 変更したい箇所（ここでは時計）をタップします。

3 文字のフォントや、時計のスタイル、色などを変更することができます。ここではアナログ時計をタップします。

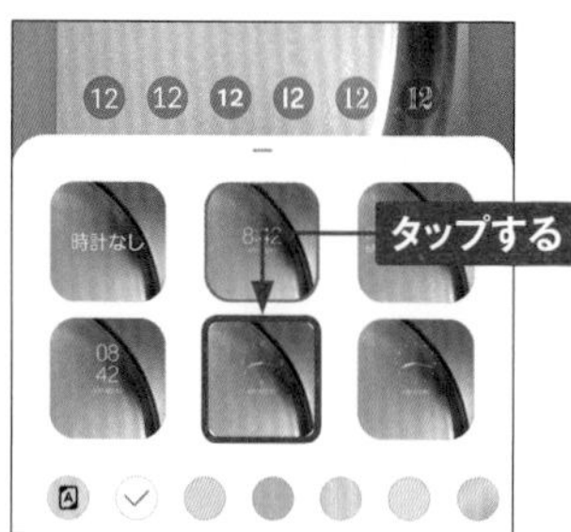

4 アナログ時計になりました。四隅のハンドルをドラッグします。

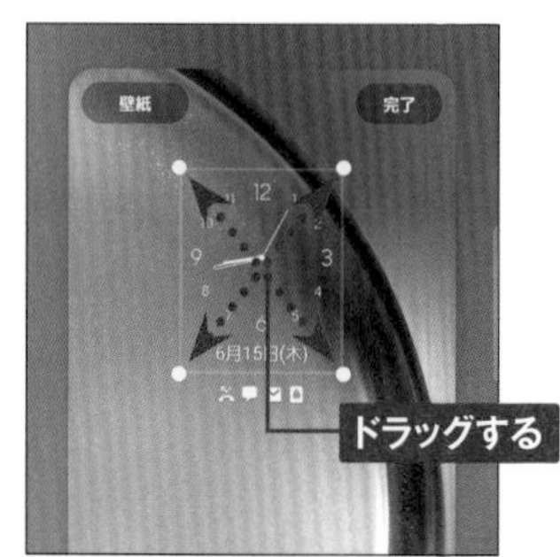

5 時計の大きさを変更することができます。なお、場所を移動することはできません。編集が終わったら、[完了] をタップすると、編集が反映されます。

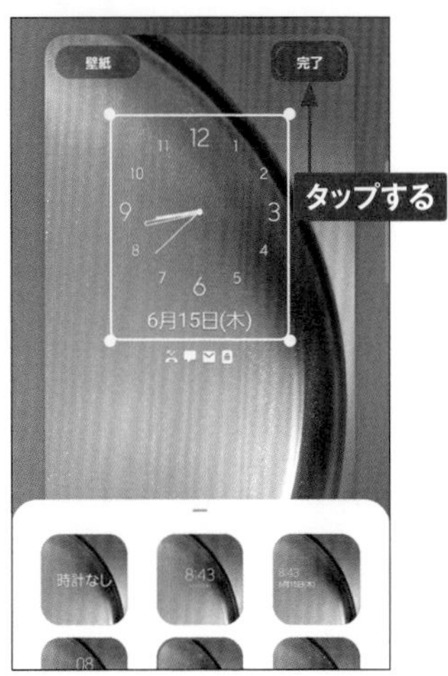

6 手順②の画面で通知アイコン部分をタップすると、通知のスタイルなどを設定することができます。

7 下部左右のショートカットをタップすると、別のアプリに変更することができます。

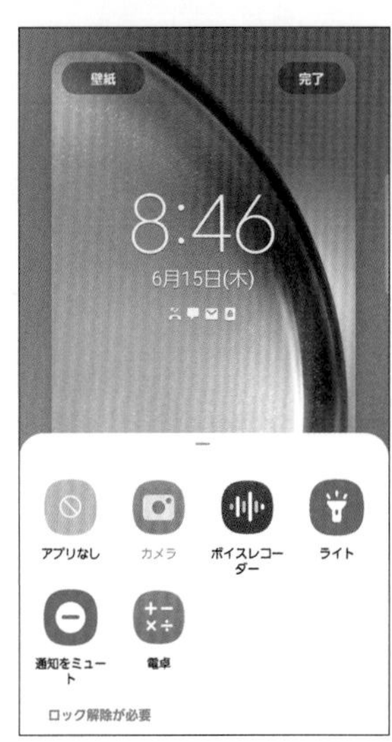

8 手順①の画面で、[ウィジェット] をタップすると、ロック画面に表示するウィジェットを選択することができます。

7

Section 57

ウィジェットを利用する

Application

ホーム画面にはウィジェットを配置できます。ウィジェットを使うことで、情報の閲覧やアプリへのアクセスをホーム画面上から簡単に行えます。

ウィジェットとは

ウィジェットとは、ホーム画面で動作する簡易的なアプリのことです。情報を表示したり、タップすることでアプリにアクセスしたりすることができます。標準で多数のウィジェットがあり、Google Playでアプリをダウンロードするとさらに多くのウィジェットが利用できます。これらを組み合わせることで、自分好みのホーム画面の作成が可能です。ウィジェットの移動や削除は、ショートカットと同じ操作で行えます。

7

ウィジェット自体に簡易的な情報が表示され、タップすると詳細情報が閲覧できます。

スイッチで機能のオン／オフや操作を行うことができます。

スライドすると情報が更新され、タップすると詳細が閲覧できるウィジェットです。

ウィジェットを追加する

① ホーム画面をロングタッチし、[ウィジェット] をタップします。画面はOne UIホームです。

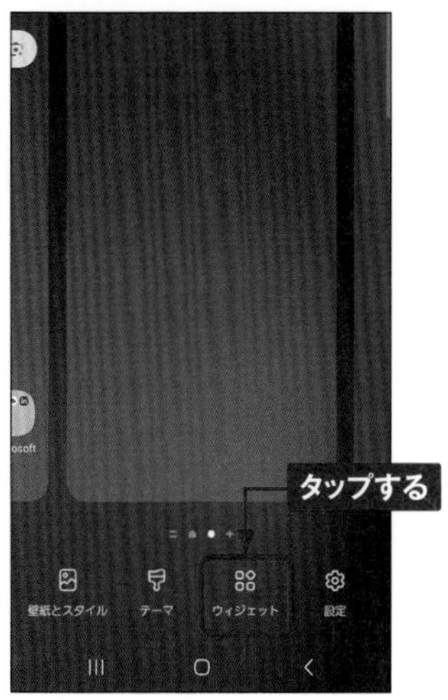

② 下部のアプリ名（ここでは [カレンダー]）をタップします。

③ アプリのウィジェットが表示されるので、追加したいウィジェットをロングタッチします。

④ ホーム画面が表示されるので、設置したい場所にドラッグして指を離します。なお、One UIホームでは、手順③でウィジェットをタップして、[追加] をタップすると、ホーム画面の空いているところに追加されます。

MEMO ホーム画面を追加する

ホーム画面にウィジェットを置くスペースがない場合は、ホーム画面を追加します。ドコモのdocomo LIVE UXでは、ショートカットやウィジェットを追加する際に画面の右端にドラッグすると、追加のホーム画面が表示されます。auやUQ mobileのOne UIホームでは手順①の画面を左方向にスワイプして、[+] をタップすると、ホーム画面が追加されます。

ウィジェットのスタックを作成する

1 One UIホームでは、複数のウィジェットを重ねて表示するスタック機能が利用できます。スタックに入れたいウィジェット（ここでは「カレンダー」）をホーム画面に配置し、ロングタッチして、[スタックを作成] をタップします。

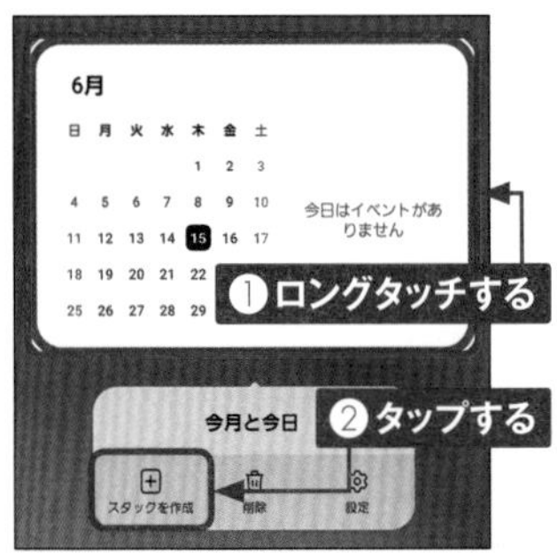

2 ここでは、[デジタルウェルビーイング] をタップします。なお、スタックに追加できるウィジェットの大きさは、最初に配置したウィジェットによって決まります。

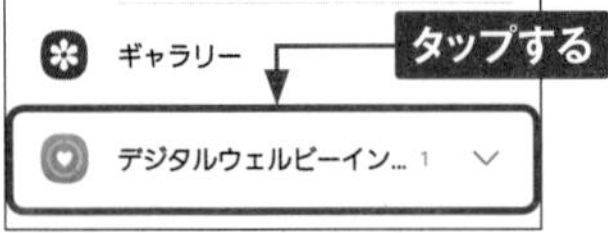

3 ウィジェットをタップします。

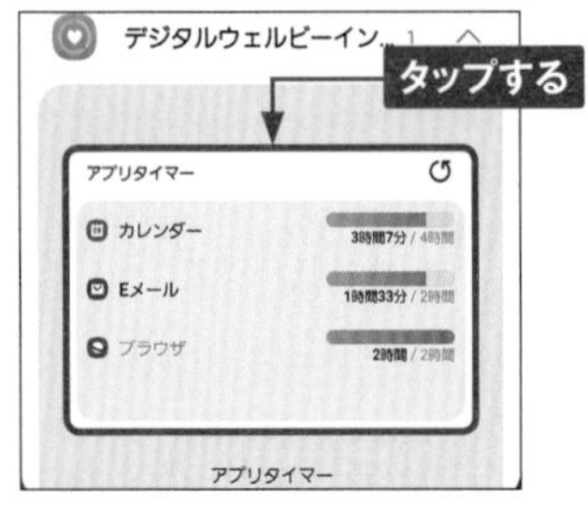

4 [追加] をタップします。

5 ウィジェットのスタックが作成されます。ウィジェットを左右いずれかにスワイプします。

7

6 スタックの他のウィジェットが表示されます。スタックを編集したい場合は、ウィジェットをロングタッチします。

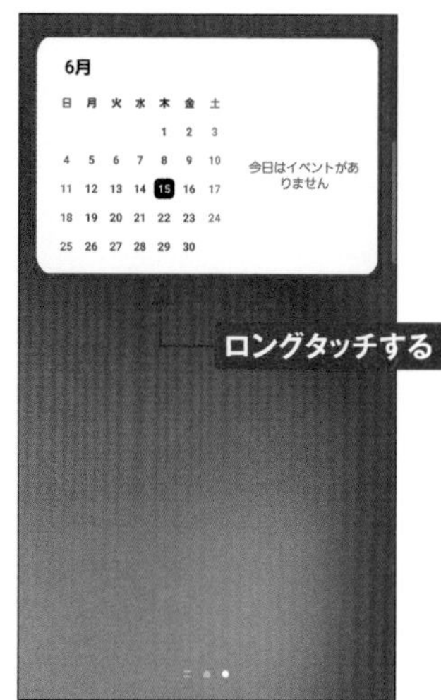

7 ［スタックを編集］をタップします。

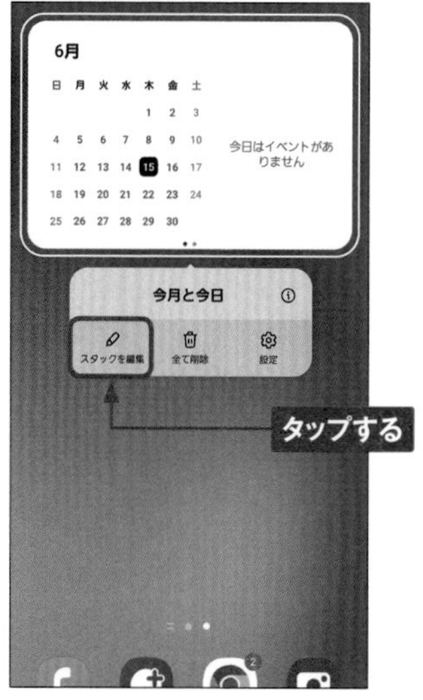

8 ウィジェットの左上のーをタップすると、スタックからウィジェットを削除することができます。左方向にスワイプします。

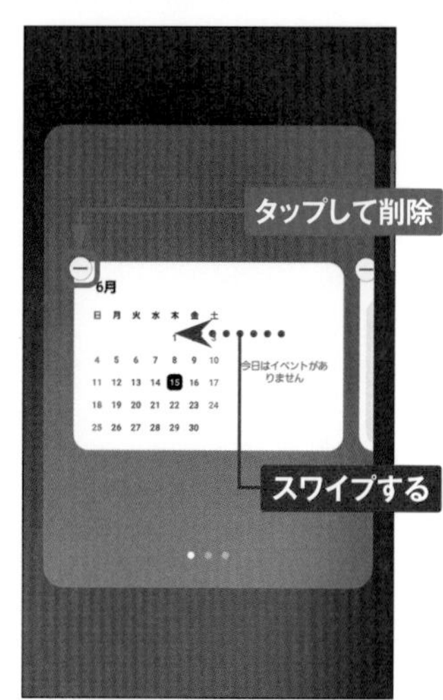

9 ＋をタップすると、スタックにウィジェットを追加することができます。

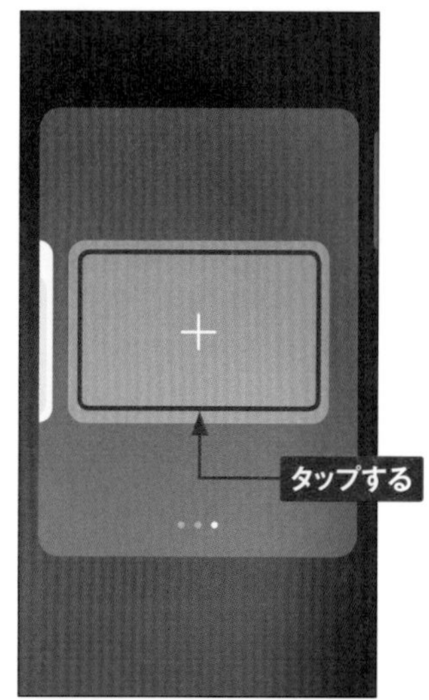

7

Section 58

クイック設定ボタンを利用する

通知パネルの上部に表示されるクイック設定ボタンを利用すると、「設定」アプリなどを起動せずに、各機能のオン／オフを切り替えることができます。

機能をオン／オフする

1 ステータスバーを下方向にスライドします。なお、2本指で下方向にスライドすると、手順③の画面が表示されます。

2 通知パネルの上部に、クイック設定ボタンが表示されています。青いアイコンが機能がオンになっているものです。タップするとオン／オフを切り替えることができます。画面を下方向にフリックします。

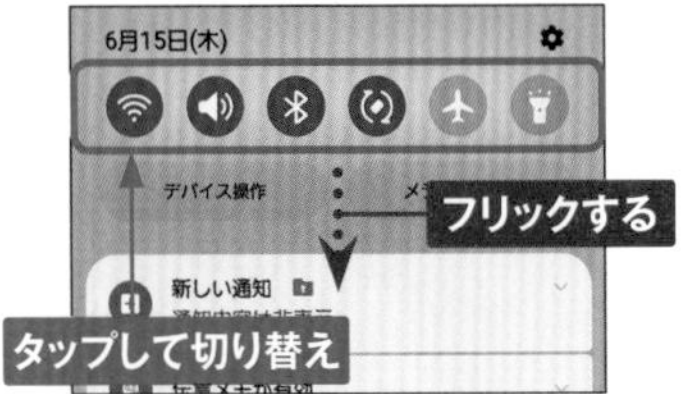

3 ほかのクイック設定ボタンが表示されます。アイコンをロングタッチすることで、設定画面が表示できるアイコンがあります。ここでは をロングタッチします。

4 「設定」アプリの「Wi-Fi」画面が表示され、Wi-Fiの設定を行うことができます。

クイック設定ボタンを編集する

1 P.164手順③の画面で︙をタップします

2 ［ボタンを編集］をタップします。

3 並べ替えたいボタンをロングタッチして、移動したい位置までドラッグします。同じ操作で、下部のボタンの順番を変更することもできます。

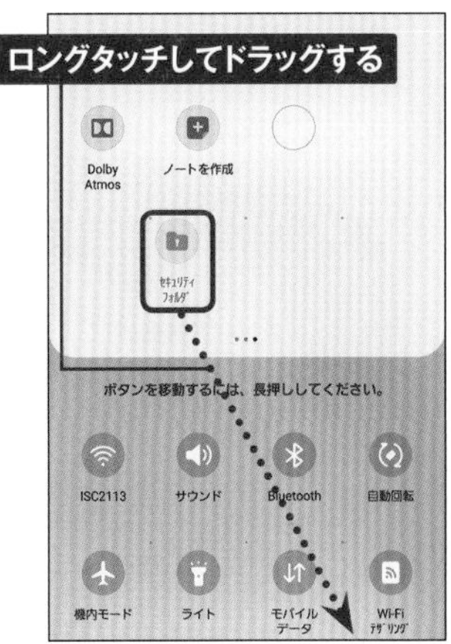

4 指を離して、［完了］をタップします。使用頻度の高い機能は最上段にくるように並べ替えましょう。

7

Section 59

サイドキーをより便利に利用する

サイドキーを2回押すと、標準では「カメラ」アプリが起動しますが、別のアプリを割り当てることができます。また、音量キーとの組み合わせで、いろいろな機能を起動することができます。

2度押しのアプリを変更する

1 「設定」アプリを起動し、[便利な機能]をタップします。

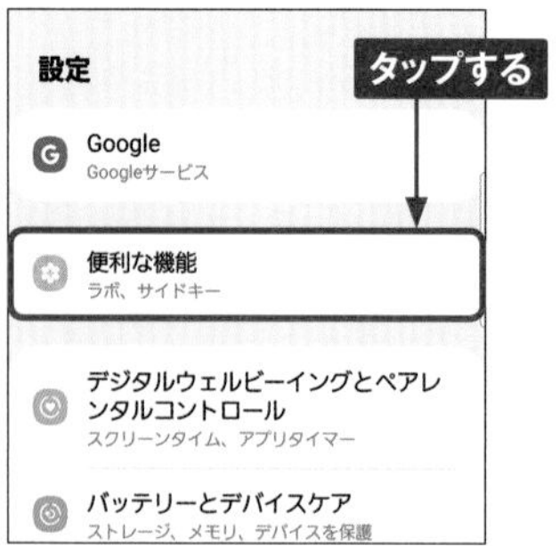

2 [サイドキー]をタップします。

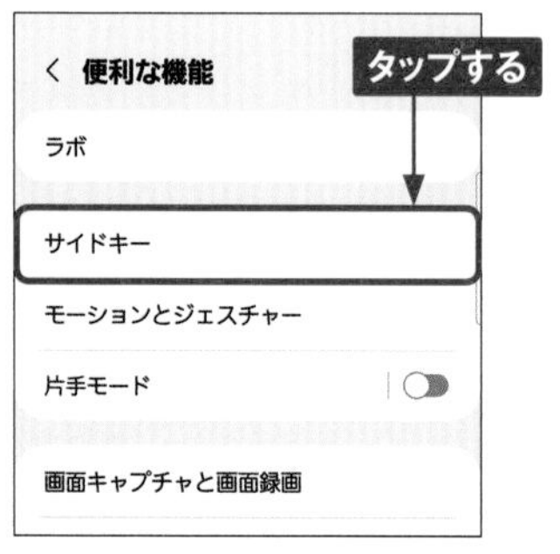

3 [アプリを起動]をタップします。

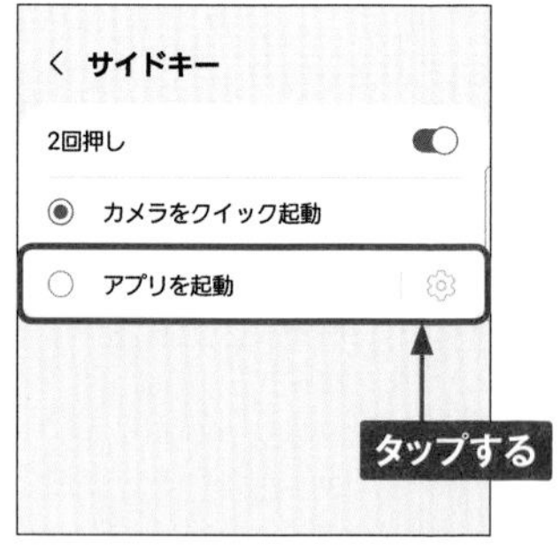

4 インストールされているアプリが表示されるので、割り当てたいアプリをタップします。なお、2回目以降は手順3の画面で、⚙をタップして、アプリを選択します。

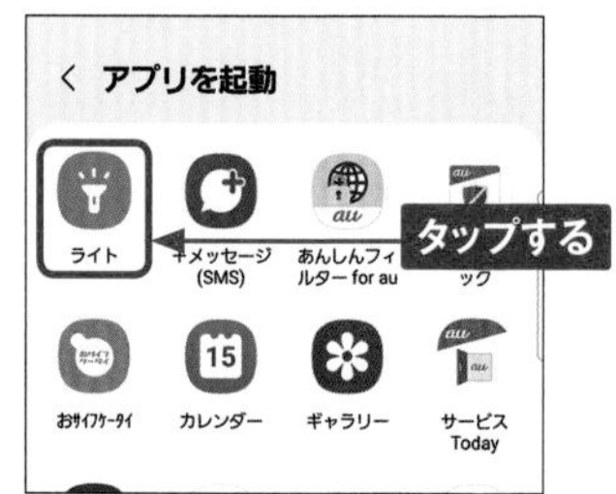

7

サイドキーと音量キーに機能を割り振る

1 「設定」アプリを起動し、[ユーザー補助]をタップします。

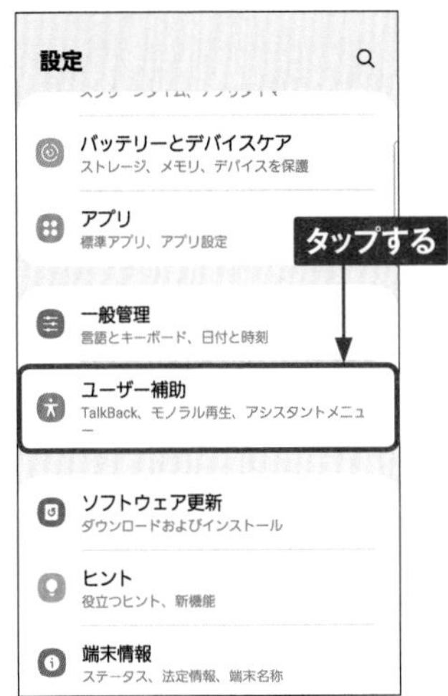

2 [詳細設定]をタップします。

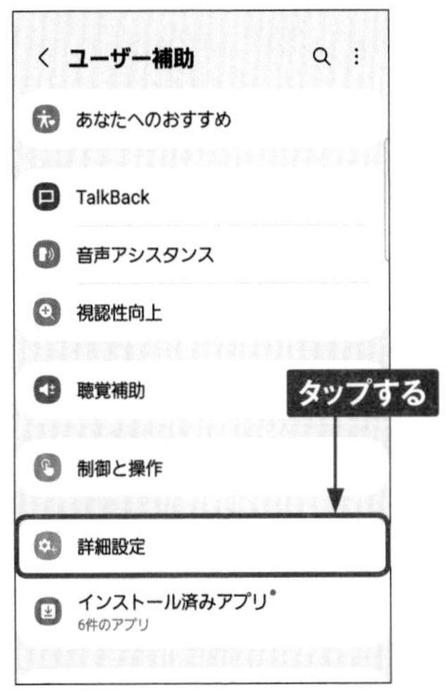

3 ここでは、[サイドキーと音量アップキー]をタップします。

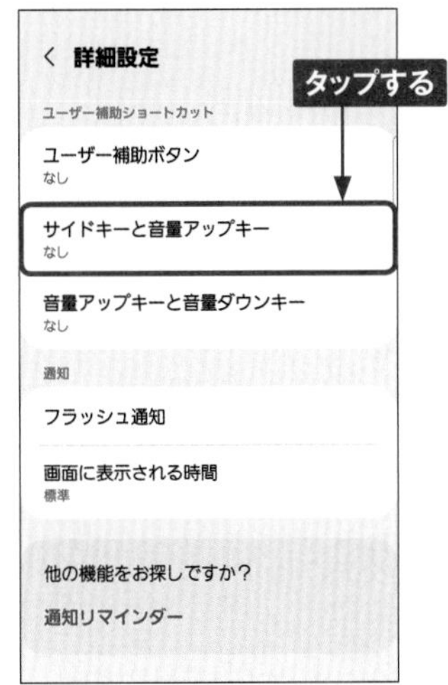

4 サイドキーと音量アップキーを同時に押したときに、起動したい機能をタップして選択します。

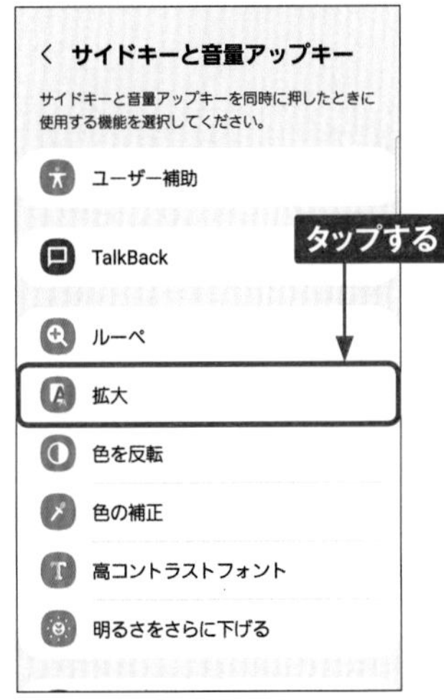

7

Section 60

ダークモードを利用する

Application

A54では、画面全体を黒を基調とした目に優しく、省電力にもなるダークモードを利用することができます。ダークモードに変更すると、対応するアプリもダークモードになります。

ダークモードに変更する

1 「設定」アプリを起動し、[ディスプレイ]をタップします。

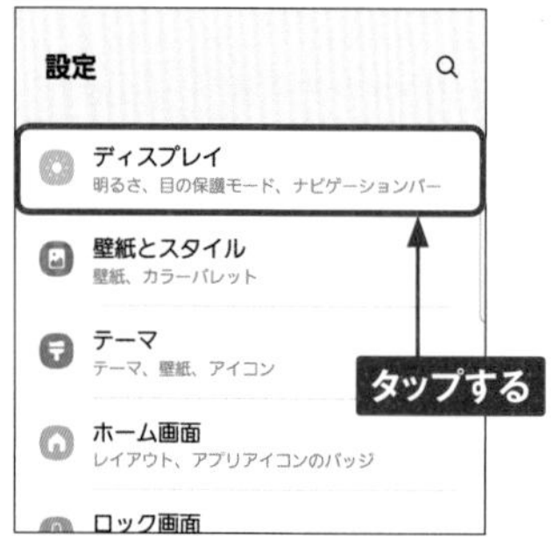

2 [ダーク]をタップします。

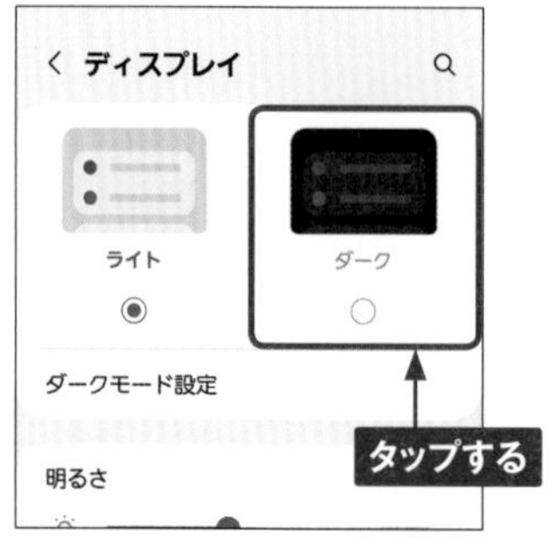

3 画面全体が黒を基調とした色に変更されます。

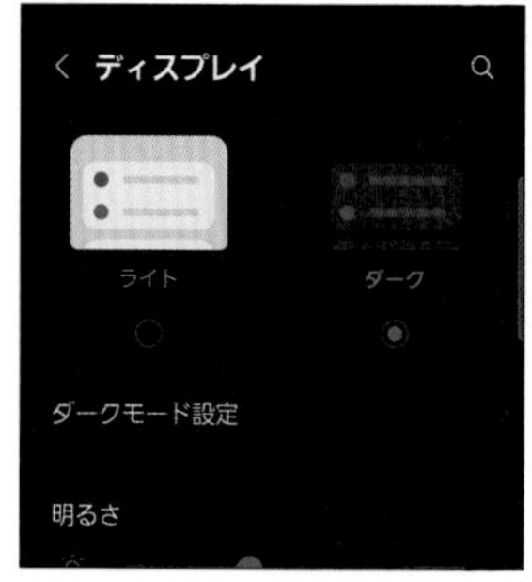

4 対応したアプリ（画面は「ブラウザ」）も、ダークモードになります。

7

Section 61

ナビゲーションバーを カスタマイズする

Application

ナビゲーションバーは、ボタンの配置やバーの形状を変更することができます。使いやすいように、変更してみましょう。

ナビゲーションバーを変更する

1 「設定」アプリを起動し、[ディスプレイ]をタップします。

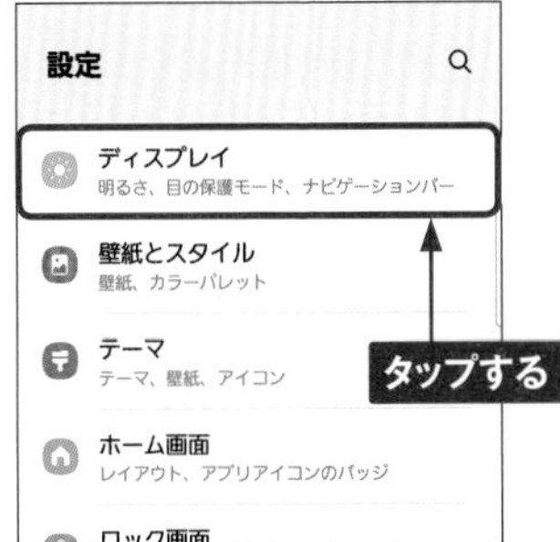

2 [ナビゲーションバー]をタップします。

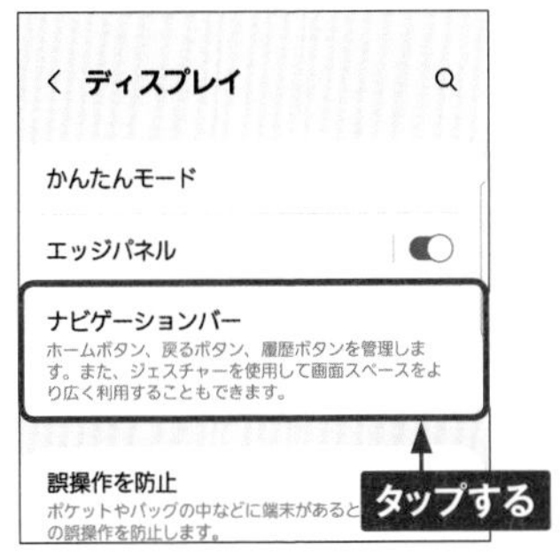

3 「ナビゲーションタイプ」でナビゲーションバーの形状の選択、「ボタンの順序」でボタンの配置を逆にすることができます。

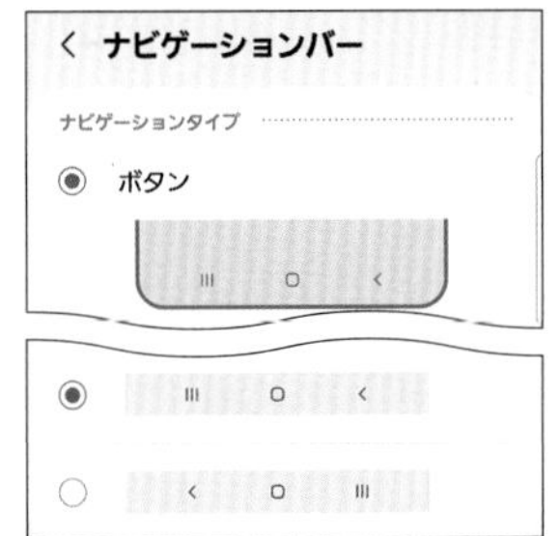

スワイプジェスチャー

手順③の「ナビゲーションタイプ」で選択できる「スワイプジェスチャー」は、Android 10以降で標準となったナビゲーションバー形状です。ボタンをタップする代わりに、上方向にスワイプで「アプリ一覧」画面や履歴の表示、左右方向のスワイプでアプリの切り替えができます。

Section 62

アプリごとに言語を設定する

アプリの言語設定は、標準ではシステムのデフォルト（日本では通常日本語）と同じ言語になっています。これを変更することで、メニューの表示言語や、翻訳の元言語を変更することができます。

アプリの標準言語を設定する

1 「設定」アプリを起動し、[一般管理] をタップします。

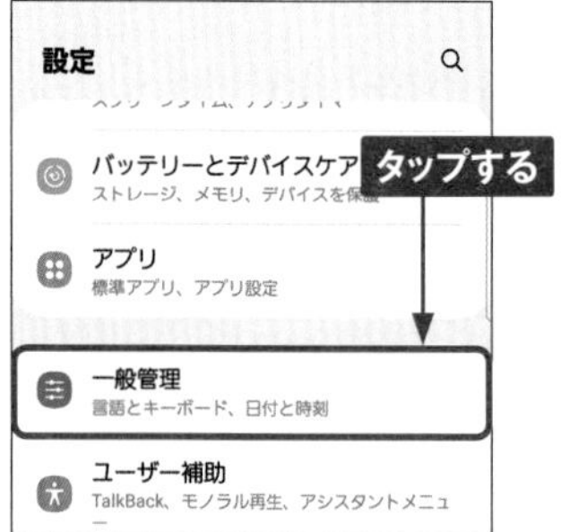

2 [アプリの言語] をタップします。

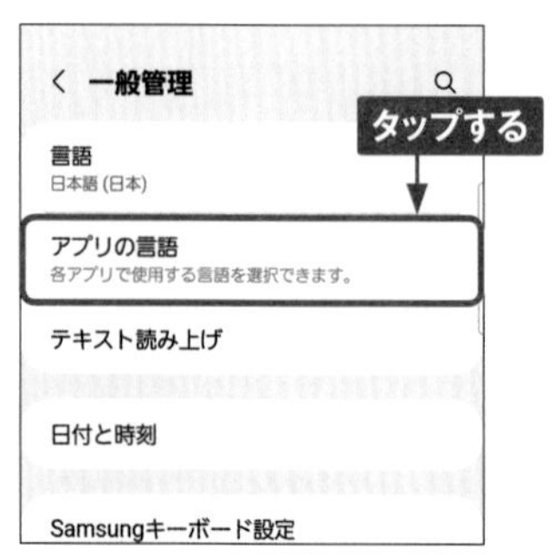

3 ここでは、「Chrome」アプリの言語を変更します。[Chrome] をタップします。

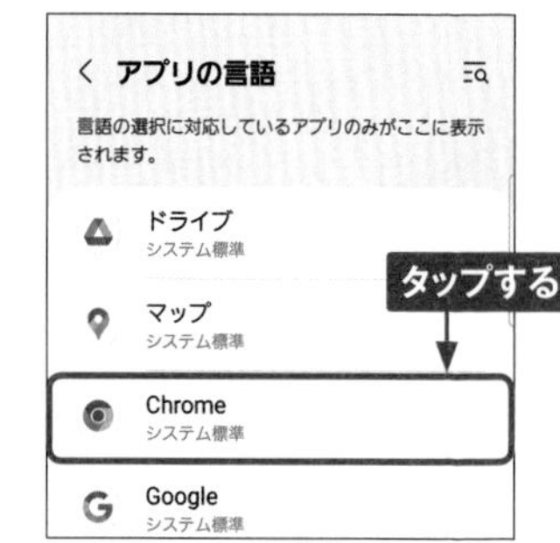

4 設定したい言語をタップし、言語によっては地域を選択すると、アプリの言語が変更されます。なお、言語を変更した場合、フォントのダウンロードなどが必要になる場合があります。

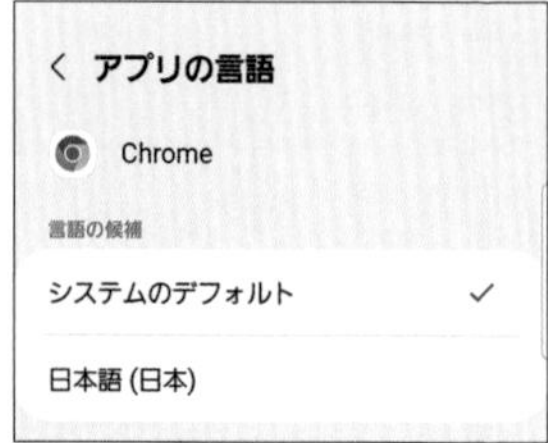

7

Section 63

アプリの通知や権限を理解する

アプリをインストールや起動する際、通知やアプリが使用する機能の権限についての許可画面が表示されます。通常はすべて許可で大丈夫ですが、これら許可画面について理解しておきましょう。

通知や権限の許可画面を理解する

従来、Androidスマートフォンでは、アプリを起動する際に、そのアプリが使用する機能や使用する他のアプリについて、許可を求める画面が表示されていました。これらは、アプリの権限と呼ばれています。たとえば、「カレンダー」アプリの場合、「連絡先」アプリや「位置情報」などを使用する許可画面が表示されます。通常、これらはすべて許可しても大丈夫で、必要な機能が許可されていないと、使用に際して不便な場合もあります。加えて、Android 13から、アプリの通知に関する許可も表示されるようになりました。通知に関する許可は、通常はアプリのインストール時、最初からインストールされているアプリでは、初回起動時に表示されます。

なお、権限も通知も、最初の許可画面で「許可」、もしくは「許可しない」を選んでも、あとから変更することができます（Sec.64 ～ 65参照）。

このデバイス内の**写真、動画、音楽、音声**への
アクセスを **マイファイル** に許可しますか？

許可

許可しない

アプリの権限に関する許可画面。どの機能やアプリを利用するのか表示されるので、確認して［許可］もしくは［許可しない］をタップしましょう。

通知の送信を **連絡先** に許可しますか？

許可

許可しない

Android 13からは、通知に関する許可画面も表示されるようになりました。これは、利用者が不要な通知に悩まされないようにするためです。

Section 64

アプリの通知設定を変更する

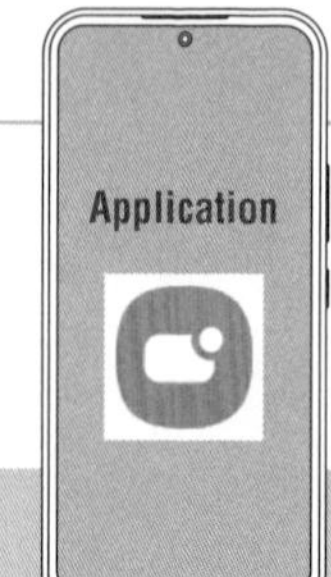

ステータスバーやポップアップで表示されるアプリの通知は、アプリごとにオン／オフを設定したり、通知の方法を設定することができます。

曜日や時間で通知をオフにする

1 「設定」アプリを起動し、［通知］タップして、［通知をミュート］をタップします。

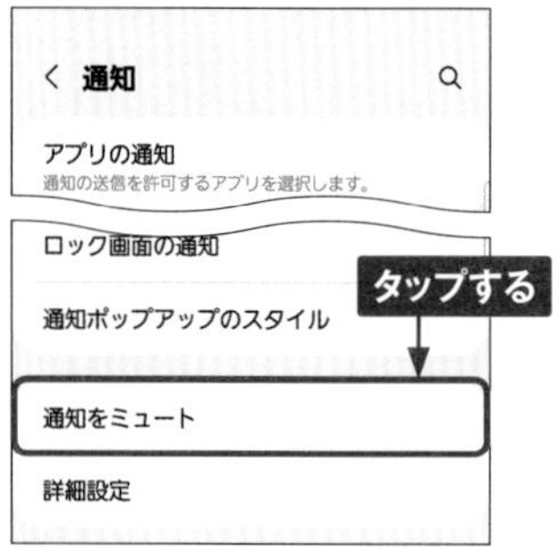

2 ［スケジュールを追加］をタップします。

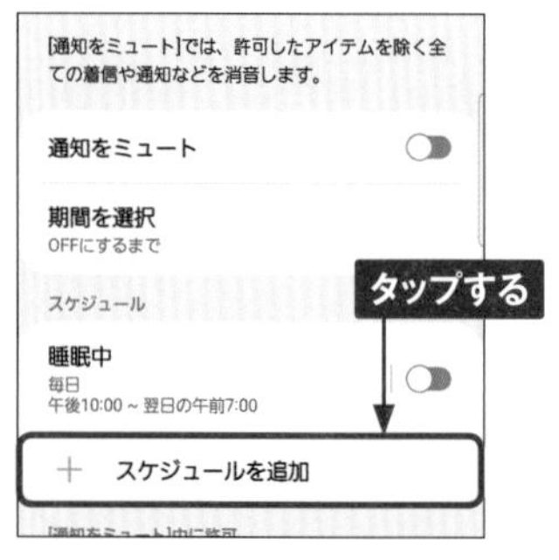

3 スケジュール名やスケジュールを設定し、［保存］をタップします。

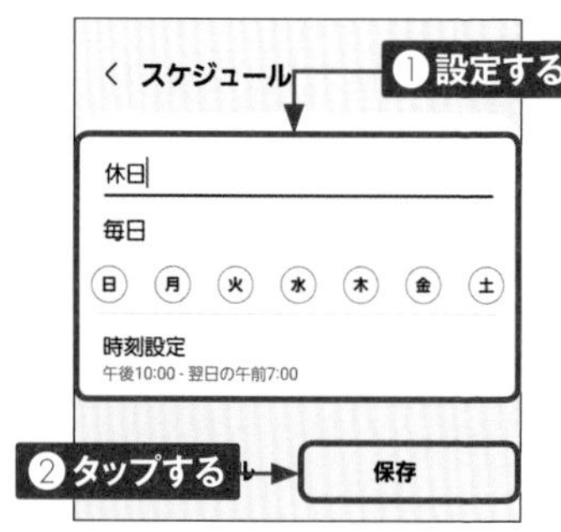

4 通知をミュートするスケジュールが設定されます。 をタップして、オン／オフを切り替えることができます。

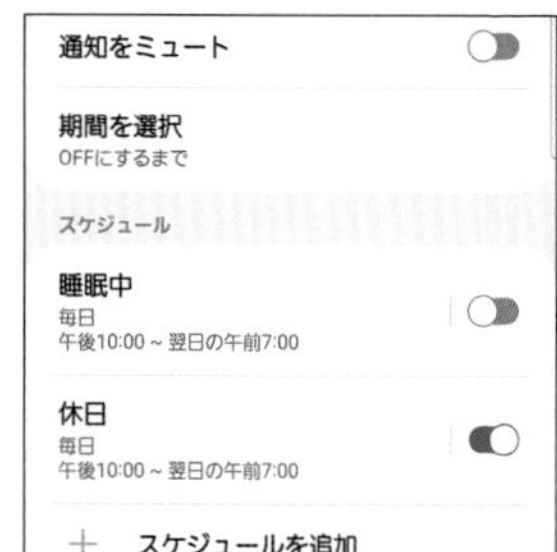

通知を細かく設定する

1 「設定」アプリを起動し、［通知］をタップします。

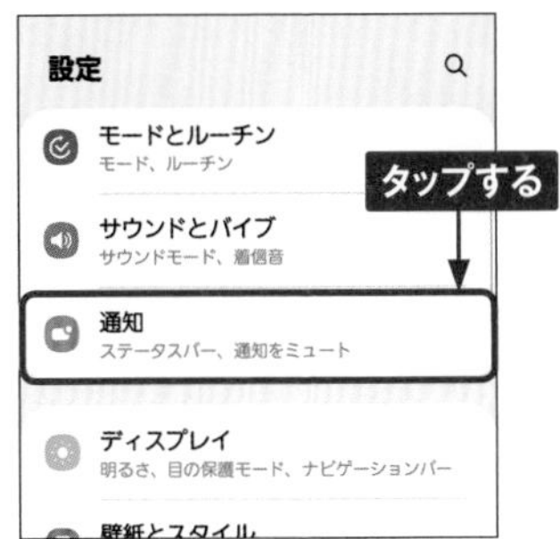

2 ［アプリの通知］をタップします。

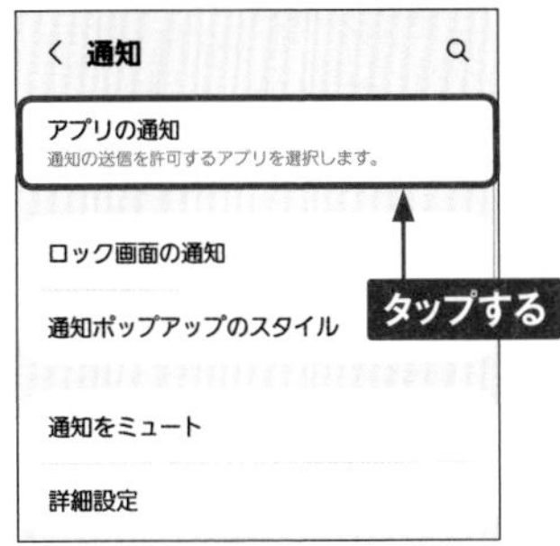

3 通知を受信しないアプリの をタップします。

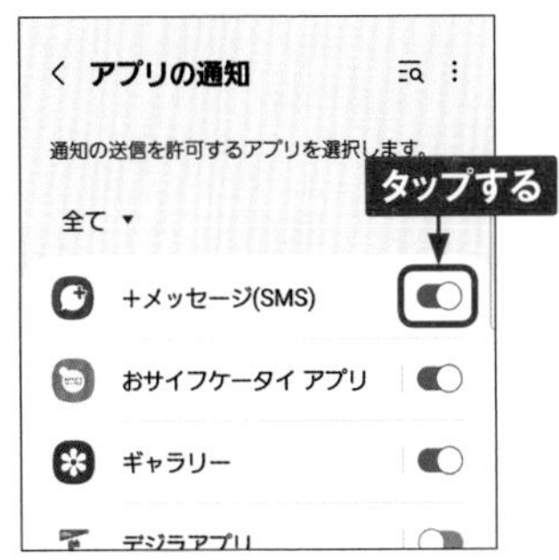

4 タップしたアプリの通知が、オフになります。より細かく設定したい場合は、アプリ名をタップし、［通知カテゴリ］をタップします。

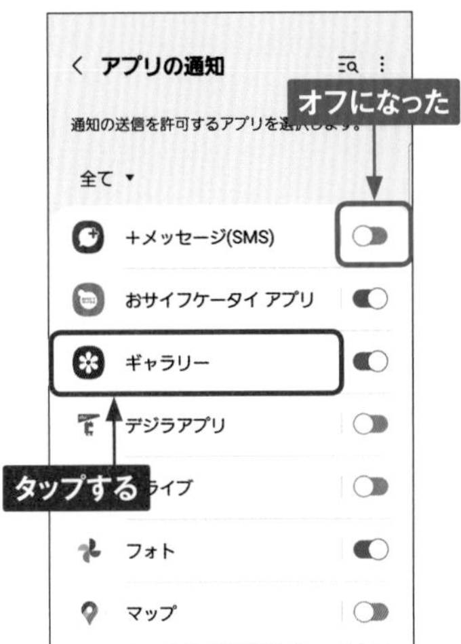

5 各項目をタップして、詳細な通知項目を設定します。

Section 65

アプリの権限を確認する／変更する

アプリを最初に起動する際、そのアプリがデバイスの機能や情報、別のアプリへのアクセス許可を求める画面が表示されることがあります。これを「権限」と呼び、確認や変更することができます。

権限の使用状況を確認する

1 「設定」アプリを起動し、[セキュリティおよびプライバシー] → [プライバシー] の順にタップして、[全ての権限を表示] をタップします。

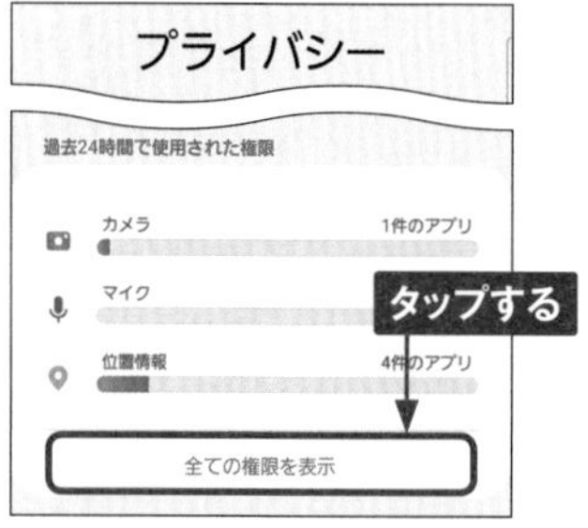

2 初回はこの画面が表示されるので、[開始] をタップします。

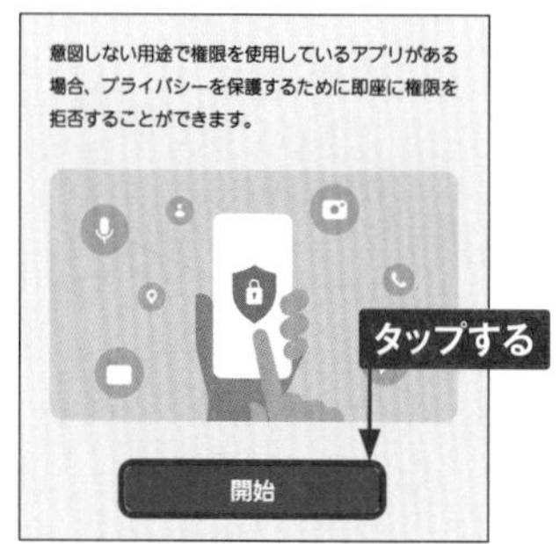

3 権限として使用された機能やアプリが表示されます。確認したい機能をタップします。

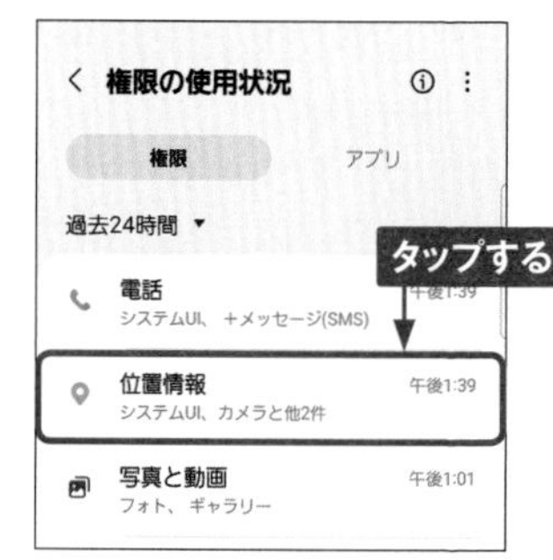

4 24時間以内の使用状況を確認することができます。なお、手順③の画面で [過去24時間] をタップして、[過去7日間] をタップすると、7日間の使用状況を確認することもできます。

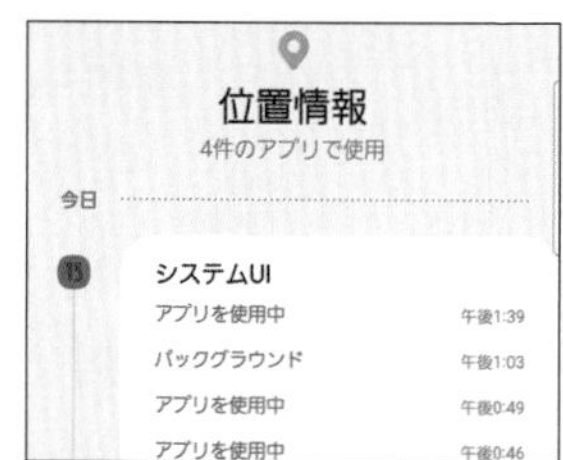

アプリの権限を確認する／変更する

1 P.174手順①の画面で、［権限マネージャー］をタップします。

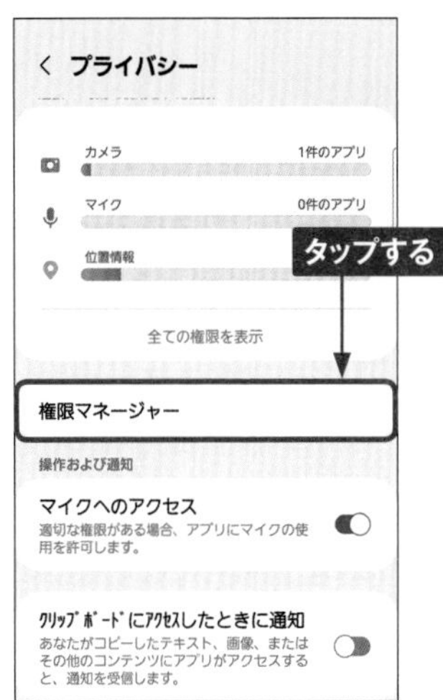

2 権限として使用される機能やアプリが表示されます。どのアプリがどんな権限になっているか、確認したい機能をタップします。

3 「常に許可」「使用中のみ許可」などの欄に、アプリが表示されます。権限を変更したい場合は、アプリ名をタップします。

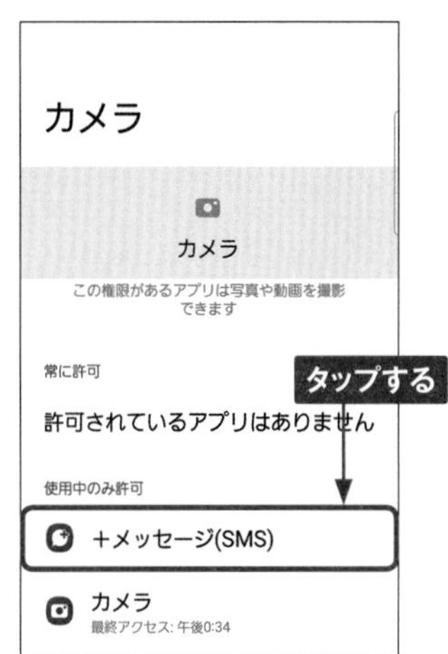

4 各項目をタップして権限を変更します。

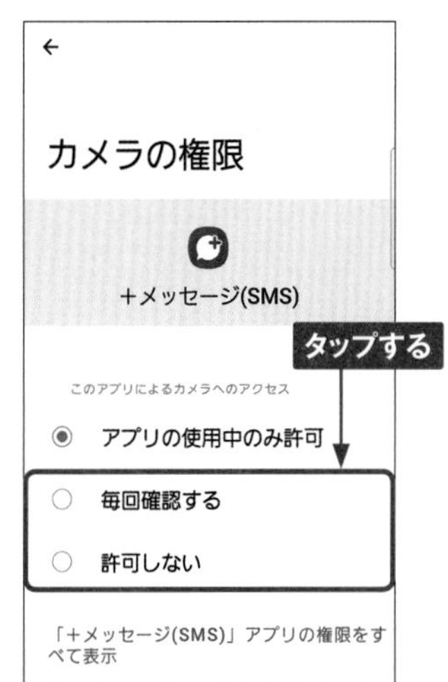

7

Section 66

画面の書き換え速度や文字の見やすさを変更する

A54は、画面の書き換え速度を変更して電力消費や動作を調整することができます。また、文字の大きさやズームの度合いを変更して画面を見やすいように調整することができます。

画面の書き換え速度を変更する

1 「設定」アプリを起動し、[ディスプレイ] → [動きの滑らかさ] の順にタップします。

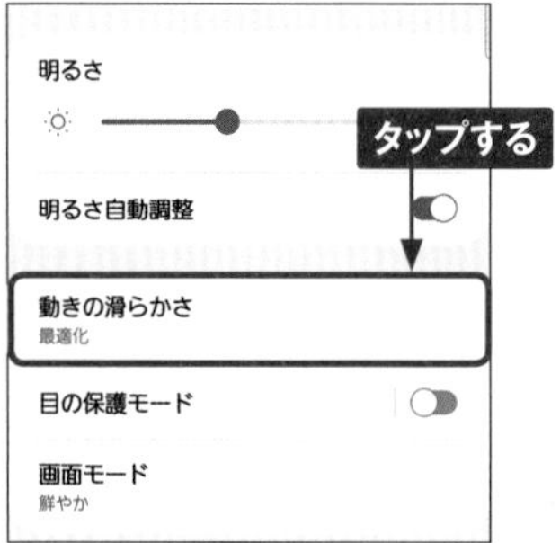

2 標準では「最適化」に設定されています。[標準]をタップします。

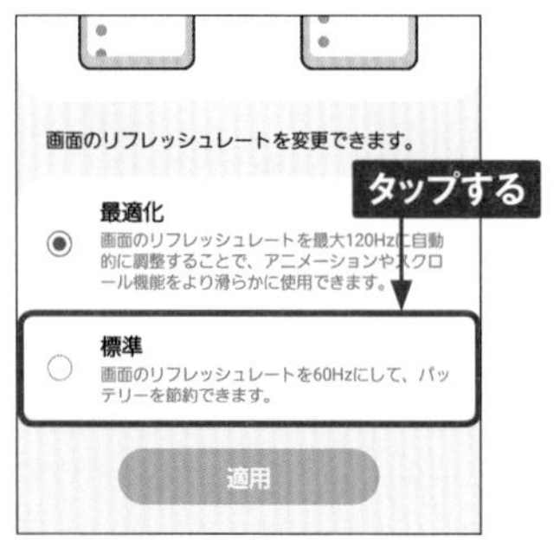

3 [適用] をタップすると、画面の書き換え速度が60Hzに固定されます。

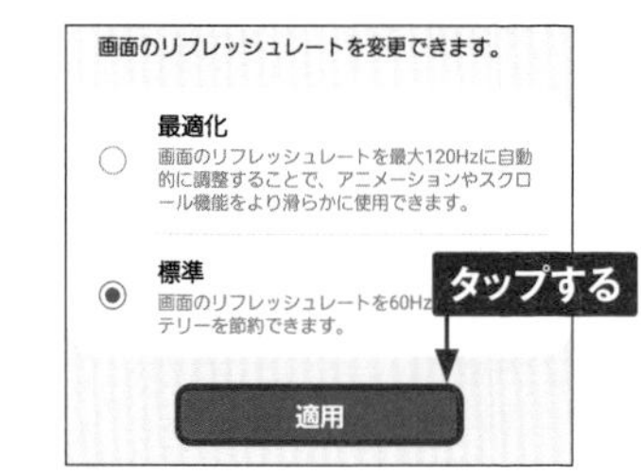

MEMO **動きの滑らかさ**

A54の画面書き換え速度は、標準では「高」に設定されており、利用状況によって可変です。たとえばブラウザでスクロールするなど、高速な画面書き換えが必要な場合は、最大120Hzになります。これを「標準」に設定変更することで、書き換え速度を60Hzに固定して、バッテリーの消費を抑えることができます。

文字の見やすさを変更する

1 P.176手順①の画面を表示し、[文字サイズとフォントスタイル]をタップします。

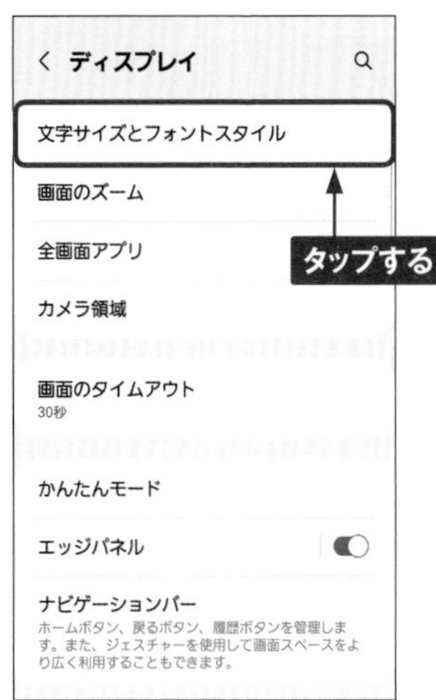

2 [文字サイズ]で、●を左右にドラッグして、文字の大きさを変えます。

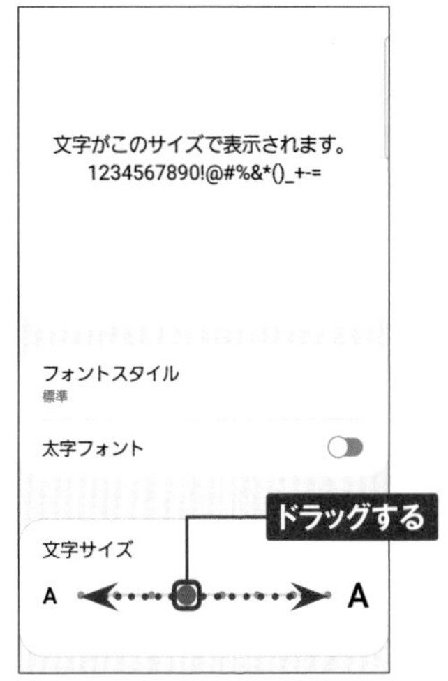

3 プレビューで大きさを確認することができます。

4 手順①の画面で、[画面のズーム]をタップすると、画面上のアイテムの拡大ができます。

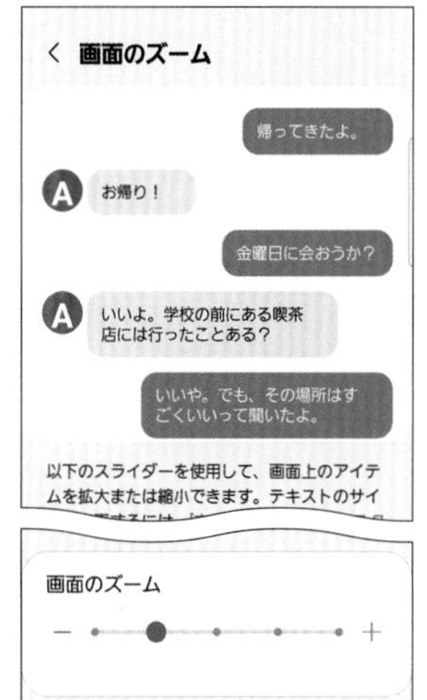

7

デバイスケアを利用する

A54には、バッテリーの消費や、メモリの空きを管理して、端末のパフォーマンスを上げる「デバイスケア」機能があります。

端末をメンテナンスする

1 「設定」アプリを起動し、[バッテリーとデバイスケア]をタップします。

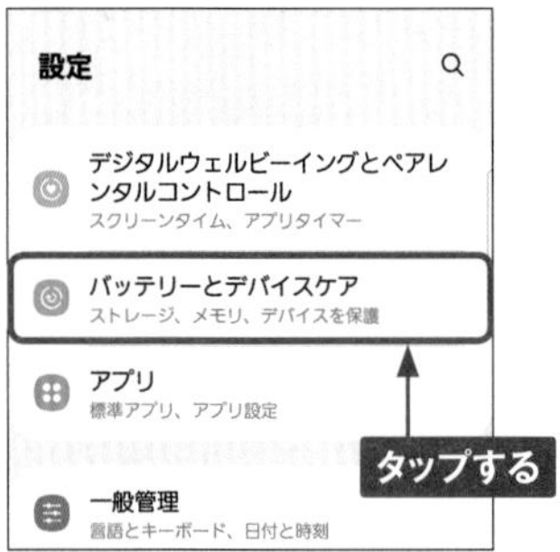

2 [今すぐ最適化]をタップします。なお、最適化されている場合は、表示されません。

3 自動で最適化されます。画面下部の[完了]をタップします。

4 手順②の画面で、[バッテリー]をタップします。

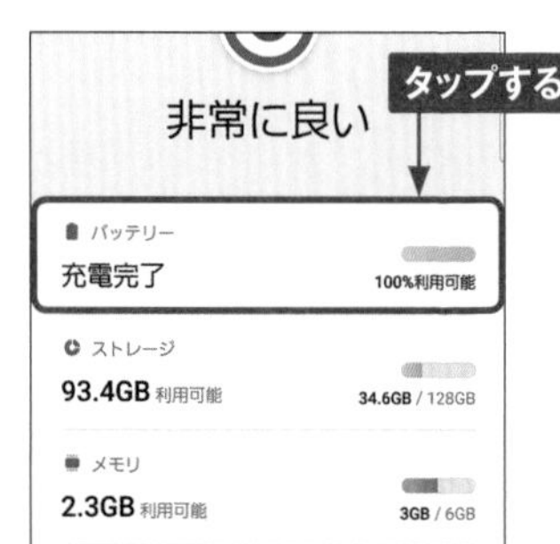

5 ［省電力モード］をタップします。

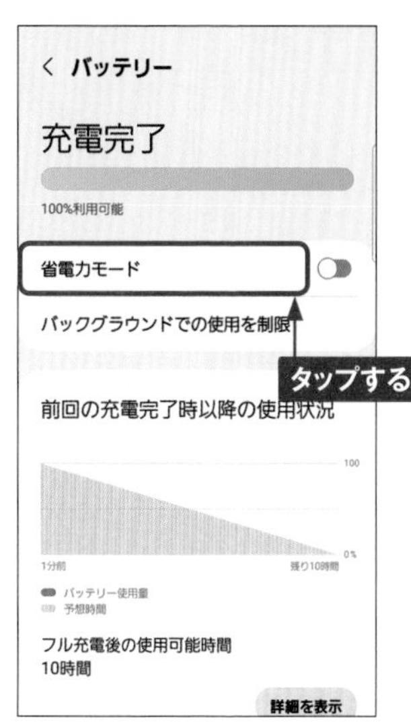

6 バッテリー消費とパフォーマンスのバランスを、選ぶことができます。

7 手順⑤の画面で、［バックグラウンドでの使用を制限］をタップすると、アプリの「スリープ」（バックグラウンドで動作）、「ディープスリープ」（完全に停止）、「スリープ状態にしない」を管理することができます。

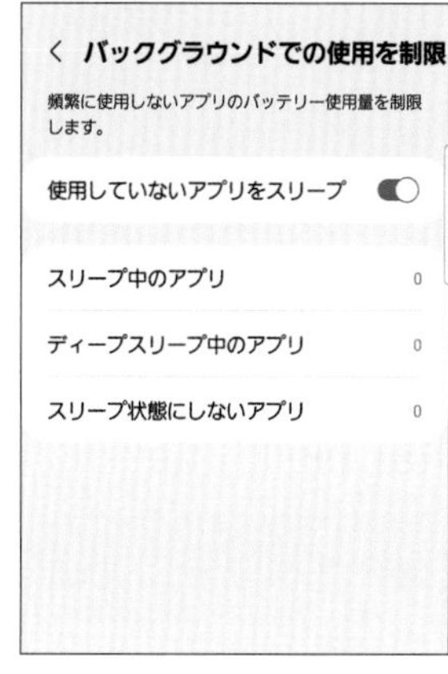

8 デバイスケアはウィジェットとして、ホーム画面に配置することができます。ストレージやメモリの使用状況がすぐに確認でき、最適化をすることができます。

7

Section 68

無くした端末を見つける

Application

A54を無くしたり、場所が分からなくなった場合、Samsungアカウントが設定されていれば、「端末リモート追跡」機能で、場所を見つけたり、端末にロックしたりすることができます。

端末リモート追跡を利用する

1 「設定」アプリを起動し、［セキュリティおよびプライバシー］をタップします。

2 「端末リモート追跡」は標準で有効になっています。［端末リモート追跡］→［この端末の捜索を許可］の順にタップします。

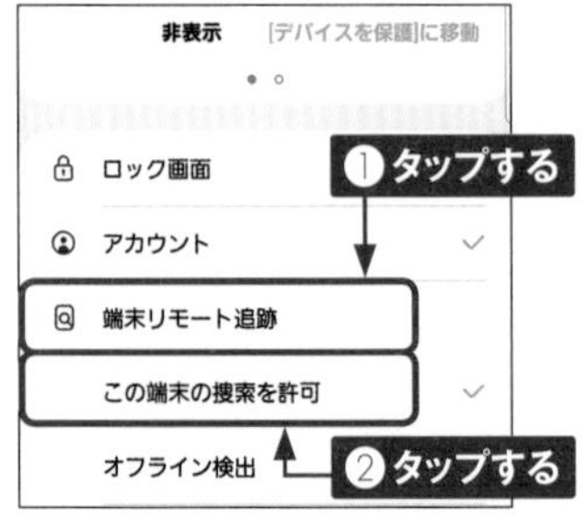

3 「端末リモート追跡」を利用する際のURLと、Samsungアカウントが確認できます。

MEMO **端末の追跡機能**

端末の追跡機能はGoogleも提供しており、Googleアカウントが設定してあれば、利用することができます。ここで紹介しているのは、サムスンが提供する端末追跡機能ですが、Googleのサービスより、端末にリモートで操作できる項目が多くなっています。

7

4 パソコンや別の端末のブラウザで、「https://smartthingsfind.samsung.com」を表示し、[Sign In]をクリックします。次に、Samsungアカウントのメールアドレスを入力して、[Next]をクリックします。

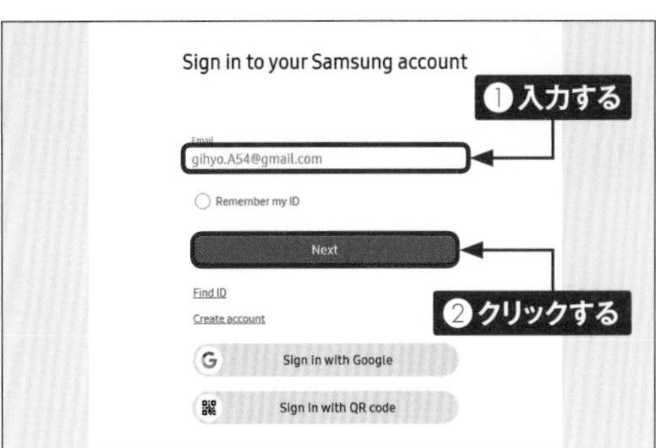

5 パスワードを入力し、[Sign in]をクリックします。次の画面で[Continue]をクリックします。

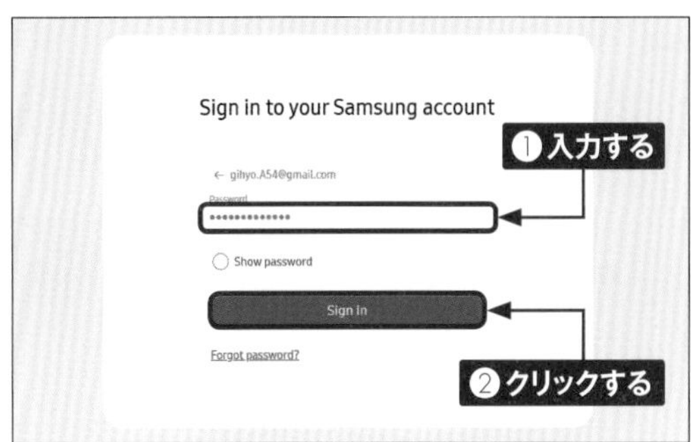

6 端末の場所が表示され、右側のウィンドウから様々な操作を行うことができます。

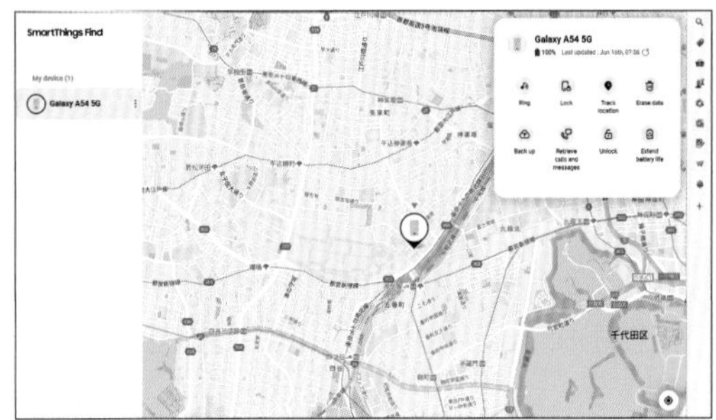

端末リモート追跡の機能

Samsungアカウントでの端末リモート追跡では、Googleアカウントでも可能な「音を鳴らす」「端末のロック」「データ消去」のほかに、「15分ごとの位置情報の追跡」「データのバックアップ」「通話／メッセージの取得」「バッテリーの節約」などができます。

7

Section 69

Wi-Fiを設定する

自宅のアクセスポイントや公衆無線LANなどのWi-Fiネットワークがあれば、モバイル回線を使わなくてもインターネットに接続して、より快適に楽しむことができます。

Wi-Fiに接続する

1 ［設定］アプリを起動して、［接続］をタップします。

2 「Wi-Fi」が（オフ）の場合は、タップして（オン）にします。［Wi-Fi］をタップします。

3 接続先のWi-Fiネットワークをタップします。

4 パスワードを入力し、必要に応じてほかの設定をして（P.183 MEMO参照）、［接続］をタップすると、Wi-Fiネットワークに接続できます。

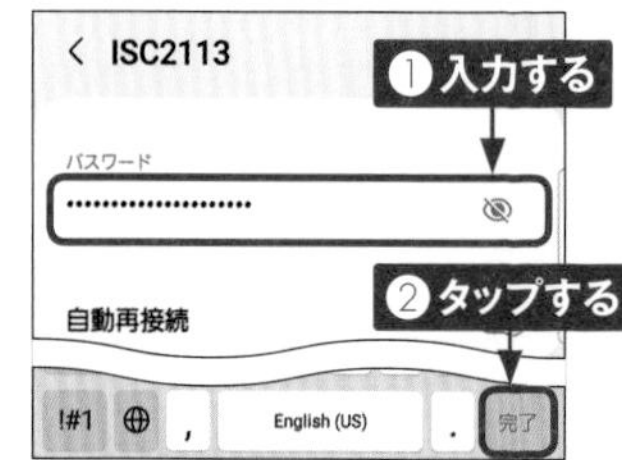

Wi-Fiを追加する

1 初めて接続するWi-Fiの場合は、P.182手順③の画面で［ネットワークを追加］をタップします。

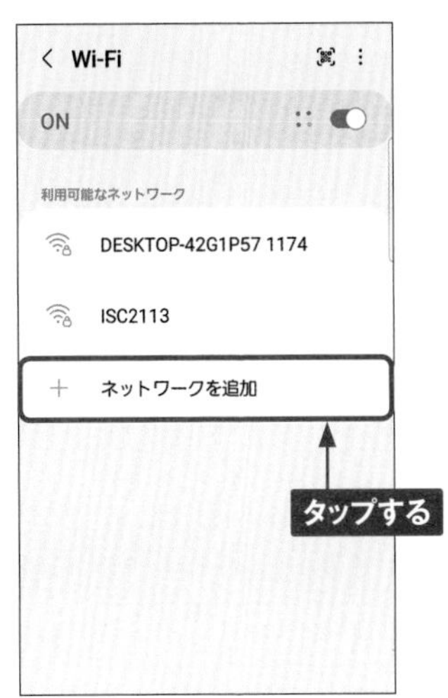

2 SSID（ネットワーク名）を入力し、［セキュリティ］をタップします。

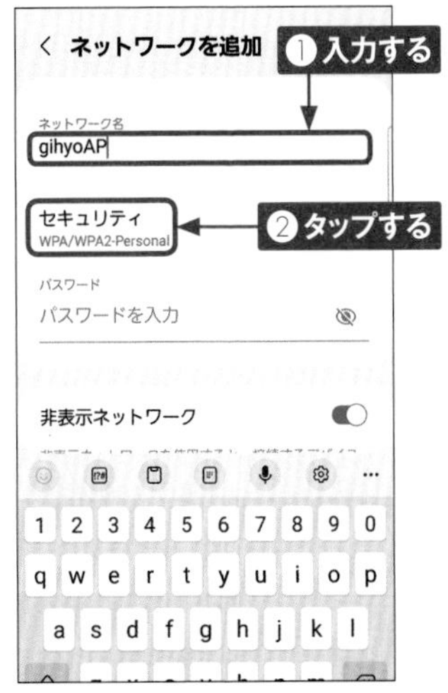

3 セキュリティ設定をタップして選択します。

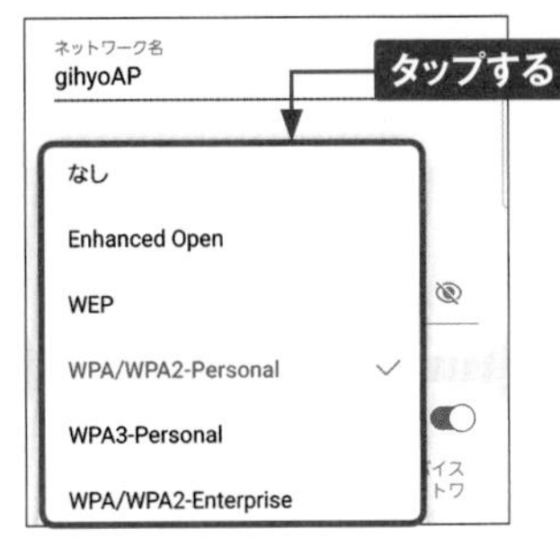

4 パスワードを入力して［保存］をタップすると、Wi-Fiに接続できます。

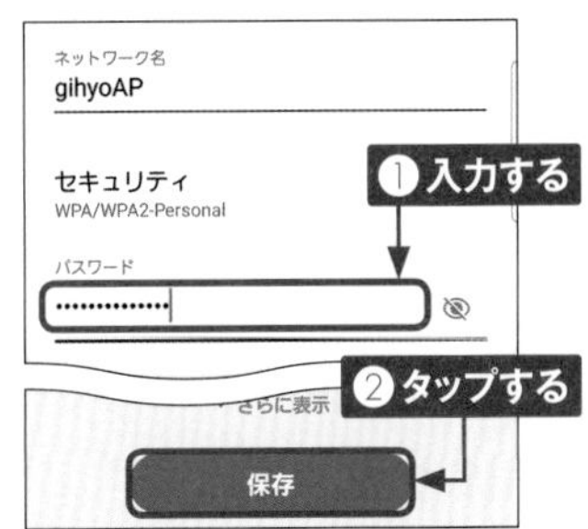

MEMO MACアドレスを固定する

標準ではセキュリティを高めるため、Wi-Fi MACアドレスがアクセスポイントごとに個別に割り振られます。これを本体のMACアドレスに固定したい場合は、手順②の画面で［さらに表示］→［MACアドレスタイプ］をタップして、［端末のMAC］をタップします。

7

Section 70

Wi-Fiテザリングを利用する

Wi-Fiテザリングは、A54をWi-Fiアクセスポイントとして、パソコンやゲーム機などを、ネットに接続する機能です。A54にネットワーク名とパスワードを設定して利用します。

Wi-Fiテザリングを設定する

1 「設定」アプリを起動し、[接続]をタップします。

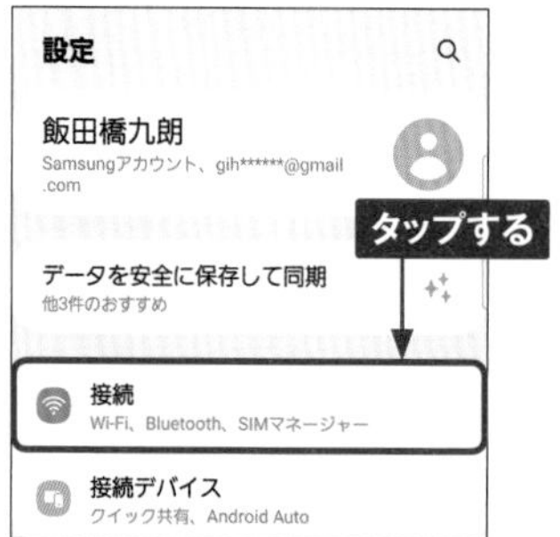

2 [テザリング]をタップします。

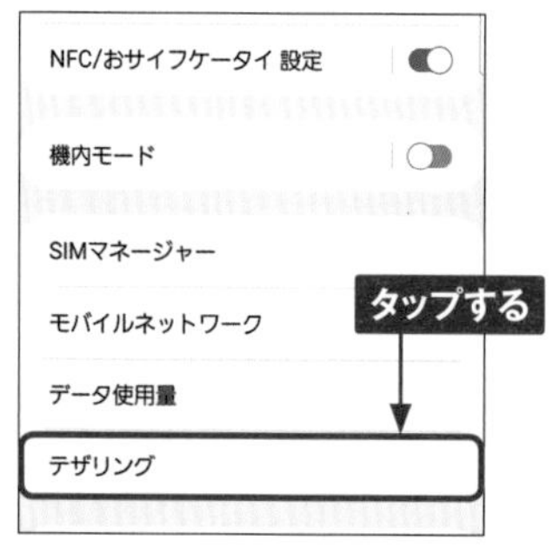

3 [Wi-Fiテザリング]をタップします。

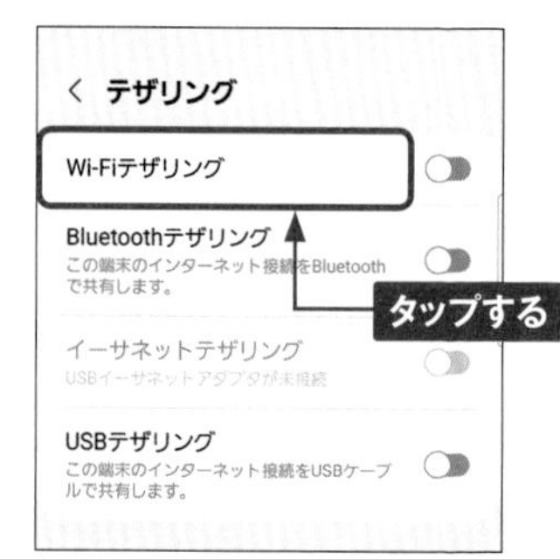

4 標準のSSIDとパスワードが設定されていますが、これを変更しておきましょう。[設定]をタップします。

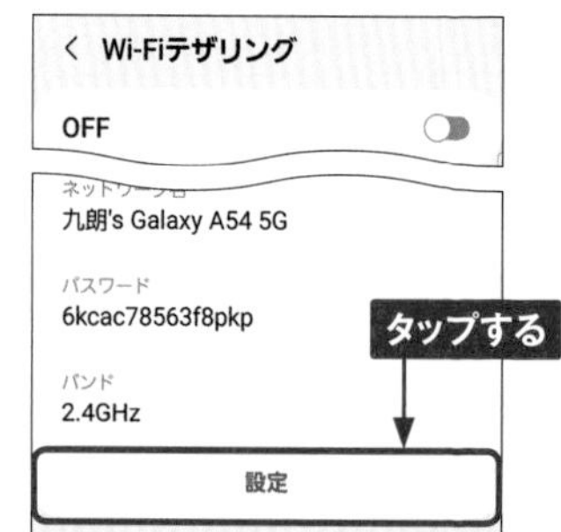

5 新しいネットワーク名を入力し、[セキュリティ] をタップします。

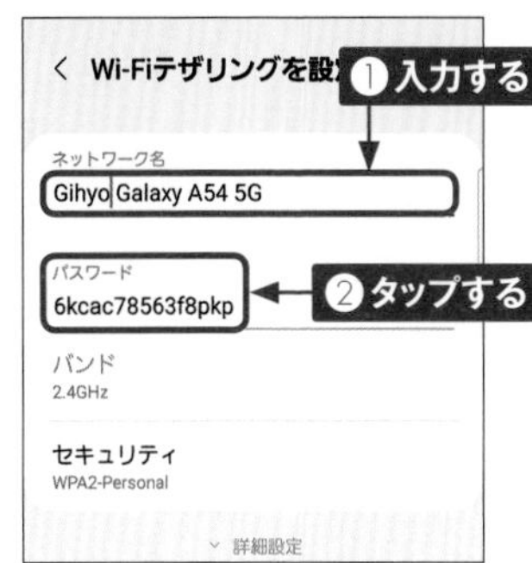

6 セキュリティを選択してタップします。

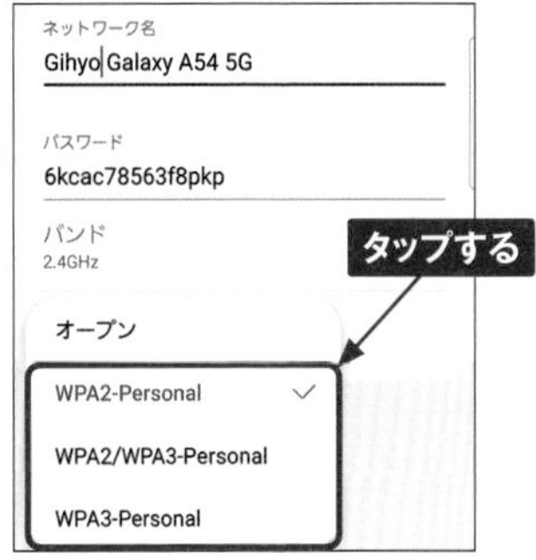

7 [パスワード] をタップします。

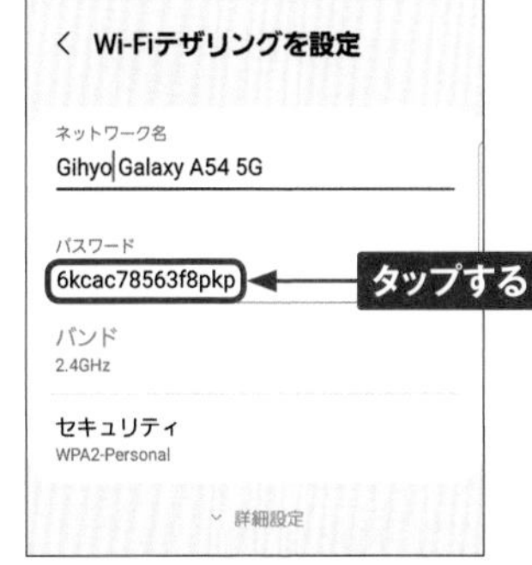

8 新しいパスワードを入力して、[保存] をタップします。

9 [OFF] をタップして [ON] にすると、Wi-Fiテザリングが利用できます。他の機器から、接続情報を入力して接続します。

7

Section 71

Bluetooth機器を利用する

A54はBluetoothとNFCに対応しています。ヘッドセットやキーボードなどのBluetoothやNFCに対応している機器と接続すると、A54を便利に活用できます。

Bluetooth機器とペアリングする

1 「設定」アプリを起動し、[接続]をタップします。

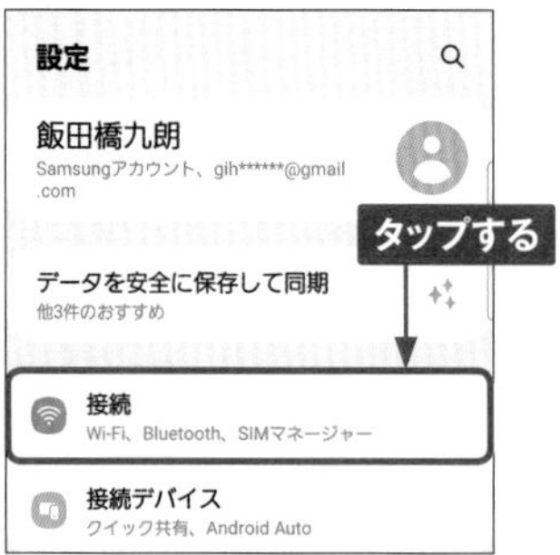

2 [Bluetooth]をタップします。

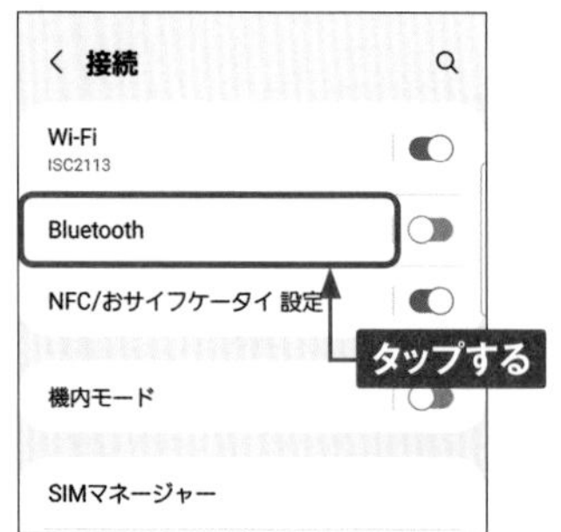

3 Bluetooth機能がオフになっている場合、この画面が表示されるので、[OFF]をタップして[ON]にします。

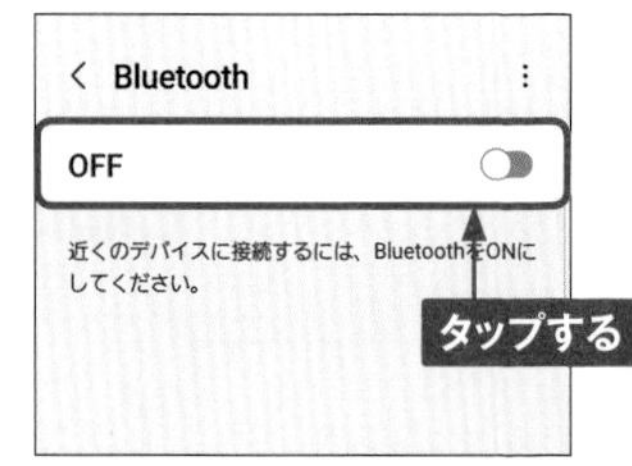

4 周辺のペアリング可能な機器が自動的に検索されて、一覧表示されます。再度、検索する場合は、[スキャン]をタップします。接続する機器名をタップします。

5 表示された数字をペアリングする機器でキー入力します。このようなキー入力が必要ない場合もあります。

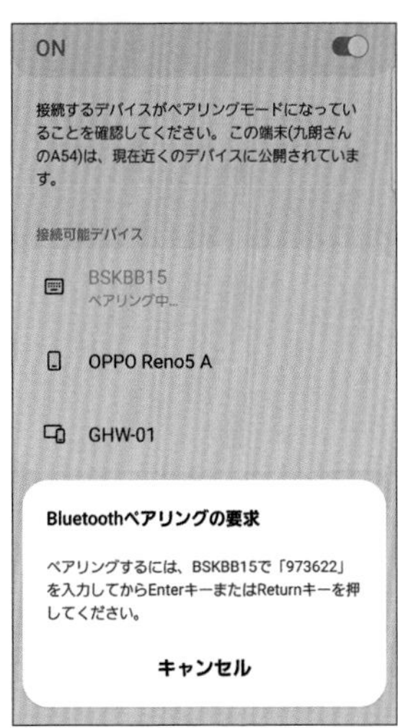

6 機器との接続が完了しました。ペアリングを解除する場合は、⚙をタップします。

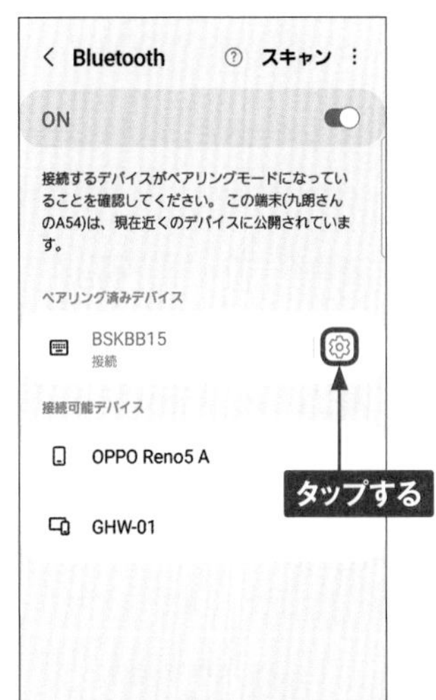

7 ［ペアリングを解除］→［ペアリングを解除］の順にタップすると、ペアリングが解除されます。

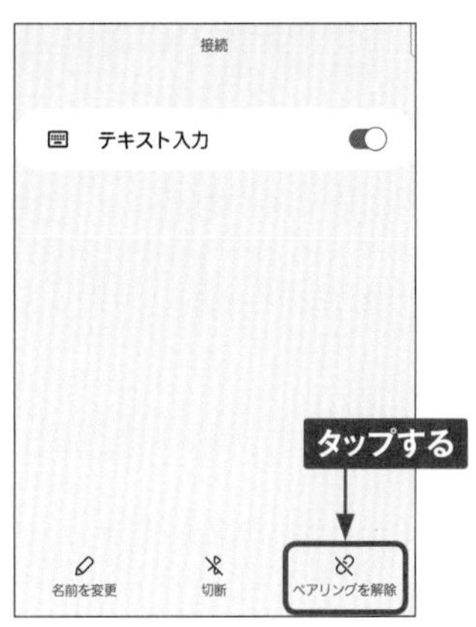

MEMO NFC対応のBluetooth機器を利用する

A54に搭載されているNFC（近距離無線通信）機能を利用すれば、NFCに対応したBluetooth機器とのペアリングが簡単にできるようになります。NFC機能をオンにして（標準でオン）本体の背面にあるNFC/FeliCaアンテナ/ワイヤレス充電コイル部分と、対応機器のNFCマークを近づけると、ペアリングの確認画面が表示されるので、［はい］などをタップすれば完了です。あとは、本体を対応機器に近づけるだけで、接続／切断とBluetooth機能のオン／オフを自動で行ってくれます。なお、NFC機能を使ってペアリングする場合は、Bluetooth機能をオンにする必要はありません。

Section 72

リセット・初期化する

A54の動作が不安定なときは、工場出荷状態初期化すると回復する可能性があります。また、中古で販売する際にも、初期化して、データをすべて削除しておきましょう。

工場出荷状態に初期化する

1 「設定」アプリを起動し、[一般管理]→[リセット]をタップします。

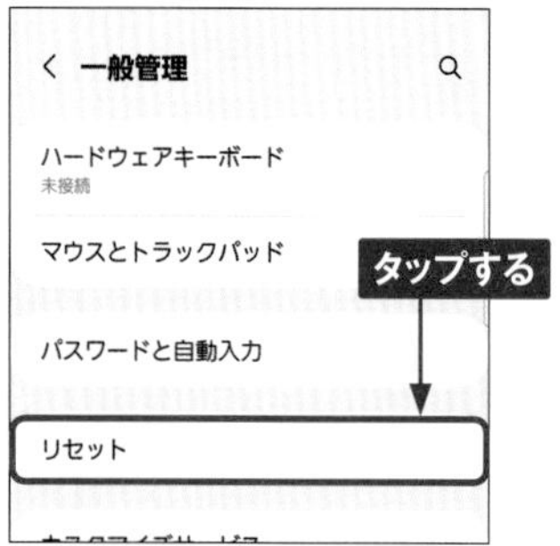

2 [工場出荷状態に初期化]をタップします。これによってすべてのデータや自分でインストールしたアプリが消去されるので、注意してください。

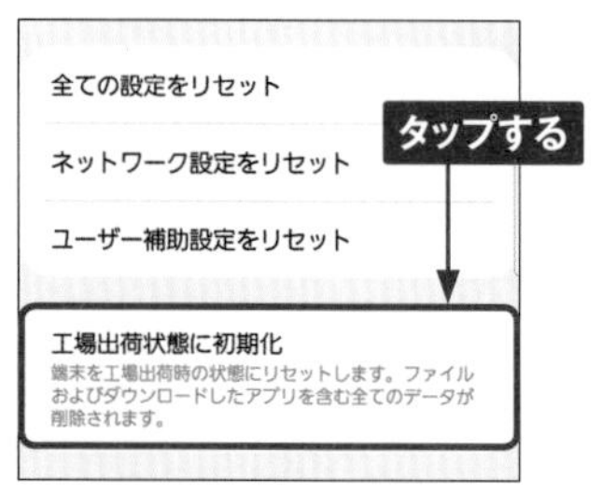

3 画面下部の[リセット]をタップします。画面ロックにセキュリティを設定している場合は、ロック解除の画面が表示されます。

4 [全て削除]をタップすると、初期化が始まります。なお、Samsungアカウントを設定している場合は、パスワードの入力が必要です。

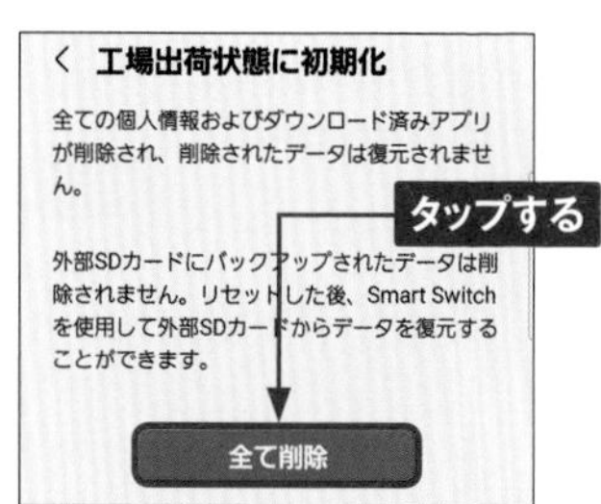

7

Section 73

本体ソフトウェアを更新する

本体のソフトウェアはセキュリティ向上のためなど、都度に更新が配信されます。Wi-Fi接続時であれば、標準で自動的にダウンロードされますが、手動で確認することもできます。

ソフトウェア更新を確認する

1 「設定」アプリを起動し、[ソフトウェア更新] をタップします。

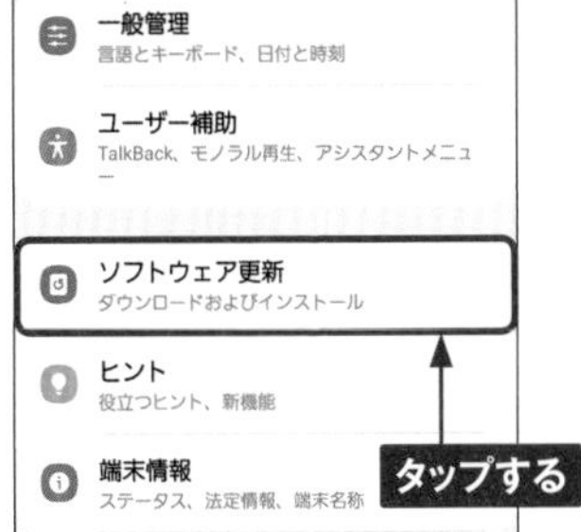

2 手動で更新を確認、ダウンロードする場合は、[ダウンロードおよびインストール] をタップします。

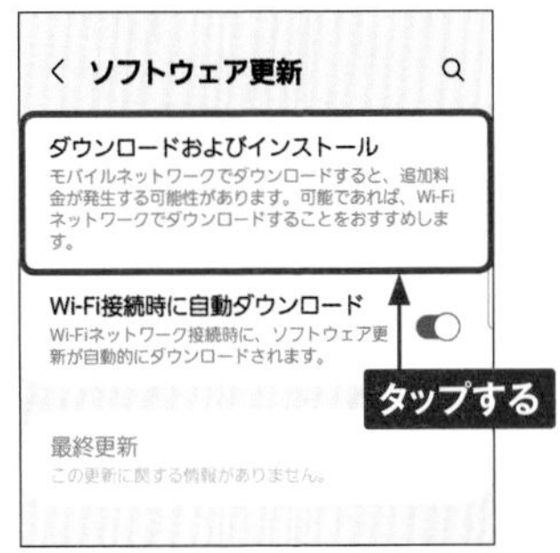

3 更新の確認が行われます。

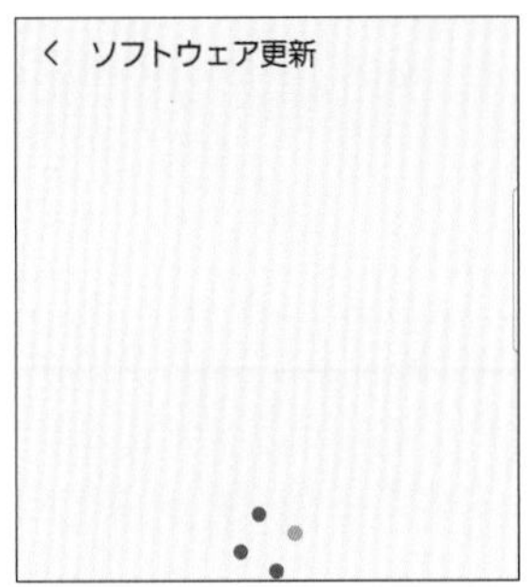

4 更新がない場合は、「ソフトウェアは最新です。」と表示されます。更新がある場合は、[今すぐインストール] をタップして、後は画面の指示に従います。

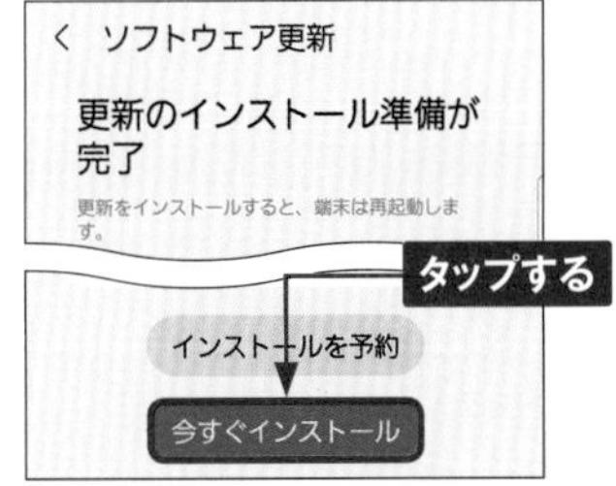

7

索引

記号・アルファベット

あ行

か行

さ行

た行

な・は行

ま・や・ら行

お問い合わせについて

本書に関するご質問については、本書に記載されている内容に関するもののみとさせていただきます。本書の内容と関係のないご質問につきましては、一切お答えできませんので、あらかじめご了承ください。また、電話でのご質問は受け付けておりませんので、必ずFAX か書面にて下記までお送りください。
なお、ご質問の際には、必ず以下の項目を明記していただきますようお願いいたします。

1 お名前
2 返信先の住所またはFAX 番号
3 書名
（ゼロからはじめる Galaxy A54 5G スマートガイド
［ドコモ／au／UQ mobile 対応版］）
4 本書の該当ページ
5 ご使用のソフトウェアのバージョン
6 ご質問内容

なお、お送りいただいたご質問には、できる限り迅速にお答えできるよう努力いたしておりますが、場合によってはお答えするまでに時間がかかることがあります。また、回答の期日をご指定なさっても、ご希望にお応えできるとは限りません。あらかじめご了承くださいますよう、お願いいたします。ご質問の際に記載いただきました個人情報は、回答後速やかに破棄させていただきます。

■ お問い合わせの例

FAX

1 お名前
技術 太郎

2 返信先の住所またはFAX 番号
03-XXXX-XXXX

3 書名
ゼロからはじめる
Galaxy A54 5G
スマートガイド［ドコモ／
au／UQ mobile対応版］

4 本書の該当ページ
40ページ

5 ご使用のソフトウェアのバージョン
Android 13

6 ご質問内容
手順3の画面が表示されない

お問い合わせ先

〒162-0846
東京都新宿区市谷左内町 21-13
株式会社技術評論社 書籍編集部
「ゼロからはじめる Galaxy A54 5G スマートガイド［ドコモ／au／UQ mobile 対応版］」質問係
FAX 番号 03-3513-6167
URL：https://book.gihyo.jp/116/

ゼロからはじめる Galaxy A54 5G スマートガイド［ドコモ／au／UQ mobile 対応版］

2023 年 8 月 11 日 初版 第 1 刷発行

著者…………技術評論社編集部
発行者…………片岡 巌
発行所…………株式会社 技術評論社
東京都新宿区市谷左内町 21-13
電話…………03-3513-6150 販売促進部
03-3513-6160 書籍編集部
編集…………竹内仁志
装丁…………菊池 祐（ライラック）
本文デザイン・DTP…………リンクアップ
製本／印刷…………図書印刷株式会社

定価はカバーに表示してあります。

ISBN978-4-297-13669-7 C3055

Printed in Japan

ISBN978-4-297-13669-7
C3055 ¥1580E

定価(本体1580円＋税)

9784297136697

モバイル

1923055015807

Galaxy A54 5G スマートガイド